每一个天才都是孤独地翻山越岭

萧亮

著

文化发展出版社
Cultural Development Press

图书在版编目（CIP）数据

每一个天才都是孤独地翻山越岭 / 萧亮著. —北京：文化发展出版社，2017.10
ISBN 978-7-5142-1962-3

Ⅰ. ①每… Ⅱ. ①萧… Ⅲ. ①成功心理—通俗读物 Ⅳ. ①B848.4-49

中国版本图书馆CIP数据核字（2017）第247474号

每一个天才都是孤独地翻山越岭
萧亮/著

责任编辑：周　蕾　　　　责任校对：郭　平
特邀编辑：石胜利　　　　责任印制：杨　骏
责任设计：侯　铮
出版发行：文化发展出版社（北京市翠微路2号　邮编：100036）
网　　址：www.wenhuafazhan.com
经　　销：各地新华书店
印　　刷：三河市兴达印务有限公司

开　　本：710mm × 1000mm　1/16
字　　数：181千字
印　　张：13
印　　次：2018年1月第1版　2018年1月第1次印刷
定　　价：42.00元
I S B N：978-7-5142-1962-3

前言

13 岁能写程序代码，18 岁考入哈佛，19 岁退学，20 岁创立微软，39 岁成为世界首富，并占据榜首 12 年。他，是比尔·盖茨（Bill Gates）。

高中时开发音乐软件，大二时用一个星期就创建了脸书（Facebook），23 岁成为全球最年轻的亿万富豪。他，是马克·扎克伯格（Mark Zuckerberg）。

5 岁举行第一次个人演唱会，19 岁在人民大会堂举行巡演，23 岁在白宫举行个人专场独奏会。他，是钢琴家郎朗。

……

在人们眼中，这样的人物都是“天才”。他们的成就对于凡人而言，是遥不可及的。

最近几十年来，近乎所有人都以为——天才成功者的“杰出成就”一定源于他们过人的天赋。这是社会的共识。可天才们却不认同。就像丹麦作家丹尼斯·金格拉（Dennis Gingra）说的：“人们四处闲逛的时候，不可能突然发现自己最后逛到了珠峰的峰顶。”

人们以为天才因其天分成功，事实却是：天才因其超出常人百倍的勤奋努力、刻苦的学习和针对性的重复训练才成了公众眼中的杰出人物。

天才因其过人的勤奋而成为顶尖人物，普通人照样可以通过勤奋而使自己变得卓越，最终蜕变成为天才。但是，普通人对此问题的认识却是充满矛盾的。大多数人认为天赋是与生俱来的，且不可复制。因此他们对天才心怀敬畏之心，从不企图超越。于是，无法成为天才的凡人甘于平庸，即使“一般努力”地追赶也不愿意尝试。

这些年来，我因为工作原因接触到了数百位不同行业的卓越人物、世界级企业的创始人、CEO 或他们的精英代表，所有的调查结果都无一例外地支持本书的观点——**成就天才的唯一途径是有针对性的刻苦学习与高强度的训练，而不是他所具有的天赋**。

即：一个人所能取得的成就有多大，总是取决于他是否进行了正确和足够的练习以及是否高效运用了练习的成果。

所以，我需要首先强调的是，本书的主题是**普通人成为天才的“方法论”**，而不仅是督促你更加努力的“加油泵”。对成为天才而言，后天的努力是不可或缺的。如果你在清晨 6 点去地铁站就会发现，有近 3 个小时的时间，那里都是人来人往拥堵不堪的。每一座城市中都有无数的人赶最早的班车去几十里外的办公室，深夜又坐最晚的班车赶回来。他们花费了大量的时间在工作上，非常辛苦。但是，为何能够成为杰出人物的仍然是极少的一部分人呢？大家同样在早起晚归，一天都有 24 小时，为何登上塔尖的不到百万分之一呢？

《胜者即是正义》（LEGAL HIGH）是日本的一部电视剧。剧中有一位动漫大师被助手告上法庭，理由是：“这个老板苛刻无比，不近人情，总把我们当作笨蛋来训练。”助手哭得一塌糊涂，愤怒和委屈溢于言表。作为被告的动漫大师却冷静地宣告：

“我可以赔你很多钱，也可以向你道歉。这些都无所谓，但我要说的是，你根本没有才华。不但是你，我也一样，我们都是笨蛋。才华这种东西是要自己亲手挖掘创造的。我也不是什么天才，只是一步一个脚印，比任何人都更加拼命地工作。最后，我回头看时，他们在背后踪影全无。懒惰的人在山下唠叨：'哎，谁叫那家伙是天才呢。'这简直是开玩笑！比我有时间、有精力、感情丰富的人到处都是，为何他们那么懒惰？既然不珍惜就请把时间统统给我一个人吧。把这些浪费掉的宝贵时间送给我，我还有很多想创造的东西！"

这段话震撼人心。的确，人们一边羡慕天才的成就，一边又无法理解天才为何能够成功。这是因为他们看不到这些优秀人物在不被人发现的地方所付出的艰苦努力。所有的伟大成就背后，都有一个人默默承受的孤独和悄悄流淌的汗水。

现实中这样的故事更多。现任阿里巴巴首席人力官（CPO）、菜鸟网络董事长、阿里巴巴合伙人之一的童文红，她进入阿里后的第一个职位是前台接待——这是一份毫无前途可言的工作。她不懂专业，没有背景，但她愣是用自己细致到极点的工作作风打动了同僚和上司。比如，每个人都厌恶客服工作，但她不厌其烦地接打电话，解决每一位客户的疑问。她仔细研究铁路车次，总结出详细的车次时间表发给每一位经常出差的同事。这很枯燥，需要耐心和大量的时间，但她做到了。

一年后她就升任阿里行政部主管，创造了一个众人眼中的奇迹。在行政主管的岗位上，她继续展示了自己高强度的学习和工作能力。她不懂装修，却要负责创业大厦的装修项目。童文红利用一切时间边干边学。别人吃饭用半小时，她只用 10 分钟。她随身携带资料和设计图，最后学会了进度控制和质量把关，保证了大厦装修准时、高质量的完工。非典期间，她身兼数职，沟通、安保、疏散和心理抚慰样样都做，忙得没有时间睡觉。她不声不响地坚持了下来，并交出了让人们十分满意的答卷，完成了向优秀管理者的蜕变。

"又傻又天真，又猛又持久。"这是童文红对自己的评价，其实也正是杰出人物能够成功的原因。就像我们都知道，史玉柱、陈天桥、马云、俞敏洪、刘强东他们是超级富豪，是公认的顶尖人物，但没有多少人清楚他们是如何从普通的创业者成长为行业大佬的，也没有多少人知道他们付出了怎样的代价和努力，承受了多少别人无法承受的孤独、屈辱、痛苦和做出了多少牺牲。

和这些艰辛的付出相比，最初由造物主赐予的天赋反而是微不足道的。那些在各自的行业和领域中会当凌绝顶的人，无不忍受着孤独和寂寞，一次又一次地将自己逼至绝境，孤身一人翻山越岭，从平凡走向卓越，创造令人赞叹的伟业。

·别人看不到时你在做什么?

西雅图一家长期关注人的职场成长的研究机构曾经提出一个有趣的问题："如果别人看不到你，你会做些什么？"（What will you do if others don't see you?）这个问题引起了人们热情地响应和广泛地公开讨论。很多人发表看法，给出了自己的选择：

"噢，那太好了，扔掉书本，戴上耳机享受音乐，顺便吃点零食。"

"当然是睡觉，直到下班。"

"发呆或者是……打游戏。"

"出去约会，购物，看电影。"

总之，启动无所事事的慵懒状态是最受欢迎的"项目"。然而，你知道比尔·盖茨的选择是什么吗？他在 18 岁时就给出了答案：用 36 小时或更长的时间学习编程，睡 10 个小时再爬起来直接投入到学习状态。没有人观察或希望他这么干，纯粹是出于热爱。事实上，从 12 岁时起他就进入了这种癫狂的模式。

从"不会"到"会"，从"平庸之辈"到"众星捧月"，秘诀不是天分，是有目的的高强度训练，是重复和从不间断的技能练习。我在书中会从不同的方面——目标、专项技能、潜能挖掘、时间开发等讲到如何开启自己最高效能的训练和努力模式。一旦你决定了自己要做什么，就必须全身心地投入，利用一切时间，付出远远超过常人的代价，穷尽一生地训练和磨砺。在别人看不到时，依旧重复地训练、提升，并最终突破瓶颈。这正是杰出人物的拿手好戏。

·天才的三要素

“勤奋 + 天赋 + 运气 = 天才。”

这不是我的论断，这是天才们的总结。在 1929 年的一次发布会中，爱迪生说：“天才就是 1% 的天赋 +99% 的汗水。”在爱迪生看来，勤奋是对于成功最重要的一个因素，天赋可能只占到了 1% 的比例。除此之外，我们还需要一点点运气。爱迪生在发明电灯的过程中始终是孤独的，无人理解，也乏人支持。但他凭借强大的毅力和执着的专业精神扛过了这个痛苦煎熬的阶段。

即将开始阅读本书的朋友，你呢？

要素 1：勤奋

我们不用解释勤奋到底是什么，但“勤奋”就是常识中的埋头苦干和不计成本的付出吗？就像比尔·盖茨在一次讲座中阐述的：“勤奋的基础是正确的专业精神。”

你是否确认了自己最擅长的领域？

你是否再一次确定了自己的人生志向？

你是否找到了最有效率的勤奋方式？

如果还没有 100% 的做到，我相信这本书对你就是有价值的。

要素 2：天赋

普通人和天才之间，除了努力的程度不同，天赋的多少是重要的因素。但人们对于天赋的理解并不一定符合事实。我在新加坡有一位朋友，特别热衷于成功学。他研究名人的成功经历，崇拜乔布斯。我对他提了一个问题：

“看了那么多成功案例，你有何经验之谈？”

他笃定地说：“厚积薄发。任何一个领域的顶级人物，都是做了很久才有顶级的成就。”

朋友认为天才是靠积累形成的，同时他也不相信天赋。事实上，人们接受的传统教育一直在强调时间和积累的重要性。尤其对深浸儒家文化影响的东方人来说，勤奋比天赋更为重要。道理是对的，但忽略了一个问题：

假如你对一个领域并不擅长，缺乏相应的兴趣和潜质，勤奋的力量会不会大打折扣呢?

天赋不是可以用时间和积累来简单解释的——一位漂亮的女孩每天都在走路，她有 99% 的概率成不了 T 台模特。一位文笔出色的作家每天都去讲课，他不一定就能练出好口才。即使你在一个行业工作了一辈子，付出无数心血，你也没有成为专家。不是吗?

我在书中提到的天赋，与其说是天分，不如说是人的基因和思考模式中“容易过敏”的部分。你会对一些事情、工作感兴趣，并且明显地比做其他事情和工作得心应手，这就是天赋。时间和积累是重要的要素，天赋也是。它们都是成就一个天才的变量。对于天才而言，时间和积累是必要的条件，绝非充分条件。同理，天赋也是，它是三个环节之一。

要素 3：运气

当你用过人的勤奋将天赋充分地开发，剩下的工作就交给了上帝。上帝每时每刻都在掷骰子，幸运女神未必如约光顾最勤奋的那个人，也可能对最有天赋的人冷眼相看。但这不重要，重要的是你如何看待运气。

在本书中，我们会从一个特别的角度一起“理解运气”和“解构运气”。你一定要相信，运气在某些时刻不是无形的，她存在于我们的孤独、勤奋和专业练习的付出之中。你在大部分时间可能错过了她，但你能掌握一些观察、判断和捕捉运气的技巧。这是我在书中可以告诉你的，并希望与你共同拥有未来的好运。

· 献给孤独奋斗和喧嚣中迷失的人

法国批判现实主义作家莫泊桑说：“生活不可能如你想象般那么好，但也不会如你想象得那么糟糕。我觉得人的脆弱和坚强都超乎自己的想象。有时，我可能脆弱得一句话就泪流满面。但有时，我也发现自己咬着牙已经走了很长的路。”

本书即将完稿时，我收到一位国内读者寄来的他自己的故事。他是一名年轻的工程师，大学毕业后的第二个月，就被公司派到了一个鸟不拉屎的地方，为了一个项目一待就是6年。他每天只睡5个小时，有时甚至不到3个小时。唯一愿意陪伴他的是枯燥的数据和发出微弱噪声的电脑。“这是我的生活：为了一个无人关注的目标孤独地和自己战斗。”他以这样的一句话作为故事的开头。

当6年的发配生涯结束时，项目的成功让他一举成为业内非常著名的专家。这时，所有的人都围过来赞美他，他开始活在闪光灯下。有人称赞他是奇才，可只有他知道自己是因为什么而成功。

有时候，人们会觉得如此孤独的生活根本不可能发生在自己的身上——漫长的日夜中只有一个人吃着盒饭，对着电脑或图纸写来画去。人们连一个人旅行的枯燥都忍受不了，因此很难想象那些天才人物是怎么度过无人问津又拼命奋斗的生活。

这个世界的运转速度是如此之快，没有人在意你是不是“一个人”。哪怕你是一个天才，人们也只关注你成功之后的影像以及一言一行。所以，当我们开始本书时，“品味孤独”是一个必须接受的要求。假如不愿意一个人默默地做些事情，就浪费了上帝赐予你的天赋。

西雅图的那家调查机构曾经公布了一位优秀广告设计师的来信：

我有许多获奖作品。人们都觉得我很牛，可我不这么觉得。好像在聚光灯下待得越久，就越容易忘记开始时遇到的困难和遭遇的困境，以及那些承受的煎熬。但我始终保持清醒。我渐渐变成自己生活的旁观者，注视着岁月平静地流淌。我不再浮躁，不再迷茫，因为我清楚地知道自己是如何一路走来的。那就是，为了攀登一米的距离，我也要付出巨大的牺牲。

我们身边都有很多牛人，他们在某一领域就像“神”一样的存在。过去，你可能只是羡慕他们，心里却想着反正自己也不会变成那样的人。直到有一天你看到、听到和经历了一些事情——原来即使优秀的前辈也有迈不过的坎，也有看不进书的时候，也有为了一个简单的问题三天三夜不睡觉的经历。如果不是亲眼见到，你也许忘了天才们是用怎样的代价才换来了辉煌的人生。

我用这本书献给所有的尚有一些梦想、有一些天赋并想把它们开发出来的朋友。如果你想要去实现梦想，孤独是你的必修课。如果你不能沉下心来，不能忍受一个人的痛苦，用双脚丈量面前的高山，你就没有办法实现梦想，没有办法开发自己的潜能。因为任何一种成功都绝对不是一件容易的事情。

本书的四个希望

A. 你要听从内心的声音并勇往直前

你要用自己的方式去度过一生。你要有坚韧的意志力，为了实现目标而不惜代价，但是，也不要让别人为你的理想白白买单。

B. 不要只为了追求自由的生活而努力

假如你要的只是自由的生活，或者追求自我生命的意义和无限的可能，那么你可以忽略本书。本书是写给一个不仅打算追求自己的生命意义，而且还希望开发自身的极限潜质来温暖世界的人。

C. 如果你是天才，就请付出 200% 的努力

你必须看到这个世界的冷漠真相。在你成功之前，很可能无人同情你。你唯一可依靠的是自己的勤奋，和必须付出的代价。孤独就是一个你躲不过去的代价。尤其对天才而言，更要付出 200% 的努力。

D. 用深度和刻苦的练习开发你的天赋

当你仅以天赋为傲时，意味着你距离失败为时不远了。最美好的实现理想的方式当然是顺应天性，做自己喜欢的工作。但在此之前呢？你有没有经历一个严肃、深度和刻苦练习的过程呢？

你要知道，那些优秀而且强大的人——他们是天才，但从来都勤奋得令人发指。

目录 Contents

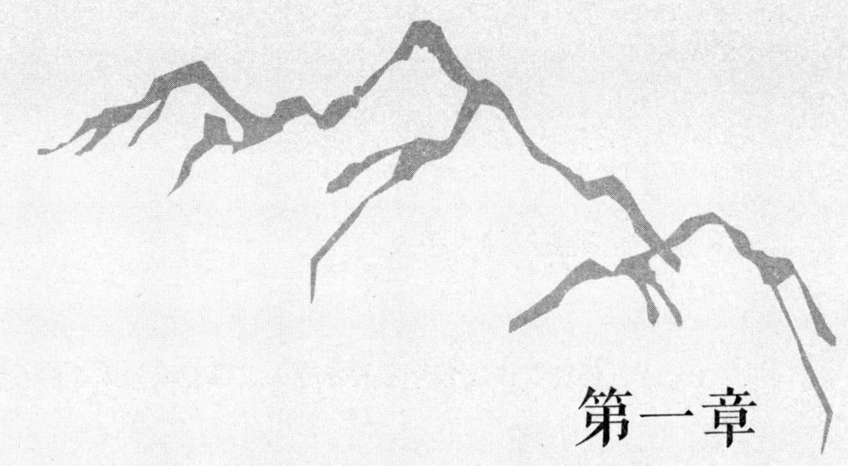

第一章

天才，来自于“有目的的训练”

——针对性的强化训练，可以让每个人成为杰出人物

一、这个世界由三种人组成

（天才，经过训练成为天才的普通人，没有成为天才的普通人，你是哪一种？）

从人类诞生开始，我们的阶层构成始终是一个金字塔形状，从上到下包含了三种人。我们可以加入财富、身份、地位等不同的元素，但都不会改变这个牢固的三层结构。

第一种人——顶尖人才

顶尖人才站在世界的顶端，领导和深远地影响着各个行业。他们可以是一百年才出一个的发明家、科学家，是首富，也可以是世界各国的高级政治人物，掌握着世界绝大部分的资源。从智商上，他们当然被称为“天才”。因为这些人不是著名政治家，就是大公司的开创者和 CEO，或许是科学界的领袖。总之，世界绝大多数人是在他们的领导下生活、学习和工作。

第二种人——创新人才

站在中间层的是创新人才——还有个更为名副其实的称呼：破坏性人才。他们经过一定的训练，但未能上升一步，是世界各地的创新者和破坏者。作为对现状不太满意的一员，他们对制定游戏规则的人不断地发起挑战，并利用一切手段提高自己的能力，因为这些人不甘于平庸。

第三种人——普通人才

在最下层的是世界上绝大多数的、没有把天赋挖掘出来的普通人。他们是身边的你、我、他，是你的同事、家人，甚至是你自己。具体表现在，对于提升自己的计划不太感兴趣，认同现状，对自己未来的一生都有一个可见的预期——“就这么过下去吧！”在公司，接受领导的管理；在学校和家中，受到师长和父母的监管。在金字塔的三层结构中，他们是被动和服从的代表。

你可能疑惑不解、愤愤不平：“为什么在上面的不是我，我比他们差在哪里？”其实你一点儿都不差，至少从基因的角度来说，你体内的天赋并不亚于那些获得极高成就的人。问题还有一句“为什么”。

（为什么你有天赋，却没能成为天才？）

这是一个很有意思的问题，同时也是本书的开篇主题。通过解答这个问题，我们将看清一些隐藏在面纱后面的真相。比如，我听过的一句很有代表性的抱怨：“明明是我提出了这个构想，那个家伙却先我一步做出了计划。”

在北京的一家公司，策划部的吴先生就是这么说的。他是一个很有想法的人，开会时总能提出奇思妙想。在最近一个项目的策划会议上，他率先提出了新的点子，受到领导的赞扬。领导采纳了他的建议：“大家好好想想，怎么把小吴的这个想法变成现实。”

吴先生激动不已。他花了两天时间来修正自己的思路，又查阅了大量的资料，来进一步完善。他本以为一周后的部门会议上，自己的计划书一定能再次震撼全场。结果距离开会还有两天时，他忽然得知，一个同事已经拿着厚厚的计划书跑进领导办公室，拿下了这个项目的主导权。

“看来你觉得他配不上这个计划？”朋友问。

“他是个很笨的人，平时极少发言。”吴先生不服地说，“而且我也不相信他短短 4 天就能做出详细的计划书。”

但是后来吴先生发现，那个笨家伙并不止用了 4 天，而是用了“6 天”——会议结束的傍晚他就开始通宵加班，一天只吃两顿饭（中午饭省掉了），就像疯子一样在极短的时间里盖了一栋“漂亮的房子”。换句话说，当吴先生还在思考如何美化整体思路时，那个人已经用尽全力钻研这个思路的细节了。

于是，一个有天赋的人没能成为人们眼中的天才，至少没有站到成功者的领奖台上。另一个天赋可能稍差的人却取而代之，从最下面的阶层跳到了上面的第二个阶层。在可以预见的将来，这个人也许还会向上攀升。

所以，这个问题的答案很简单：

1. 一个顶级人才必须从最基础的环节做起，在无人理睬的时候发起冲击。

2. 如果你认为自己是有天赋的，就必须付出比常人多数倍的努力，因为我们无法保证那些拼命的家伙是否会笨鸟先飞。

二、大部分的天才都成功于不间断地针对性练习

（天分决定的只是下限）

当扎克伯格准备将脸书业务推向中国时，哈佛大学的一个调查机构发起了一项调查。第一个题目是："你是否认为扎克伯格这样的人是成功于他的天赋？"但重要的是第二个题目：

"如果不是，你认为他是怎么做到的。为何你做不到？"

两个月内，有七千余人通过邮件寄来了他们的答案。有 68% 的人认为扎克伯格因其天赋而成功。有人给出的解释是："扎克伯格在学校是一个异类，古怪的想法，冷漠的行为，朋友很少，可他成功了。除了天赋，还能有什么呢？"对于第二个问题，有 21% 的人认真地给出了回答：

"他一定付出了常人难以想象的努力，就在我们看不见的时间里。"

了解内情的人——扎克伯格身边的朋友、初期合伙人和亲密的校友都知道，这个创办脸书的伟大天才并不像人们想象的那般靠一两个想法就脱颖而出。他榨干了所有的课余时间，训练自己在平台开发方面的能力。他思考了数千遍脸书的发展模式，提出了上千种不同的方案，并做了严谨的论证。为了验证一个全新的想法，他不间断地重复试验，只为了让系统减少一个"无伤大雅"的 BUG。

NBA 巨星科比·布莱恩特也是一个勤奋的天才。他称自己昔日的队友、四届总冠军球员沙奎尔·奥尼尔很懒惰。他瞧不上那些有天分却疏于训练的

人。在接受《纽约客》采访时，科比批评奥尼尔，说：“奥尼尔这么懒惰的事实常常令我抓狂。我们每天都是有努力训练的责任的。”

在赛场的辉煌之下，科比的私生活是单调和枯燥的。他经常会一个人去球馆，不拿球进行训练，好像在和影子练习。受到批评的奥尼尔形容道：“科比是训练狂。我走进球馆，看到他在那里做切入、突破、投篮的训练——唯一的不同就是他的手上没有球。我觉得这很奇怪，但这对他的提高显然是有帮助的。”

在经年累月不间断的训练中，科比享受这种重复。他默默地计算自己投进的球，1，2，3，4……一直到投进 400 个球，然后停止训练。要成为一名万人敬仰的球星，首先要成为一个训练魔鬼。科比对于训练的高度投入，使他的队友可能都不愿意和他一起参加练习，因为他的带动作用太大了，那是超级魔鬼训练。

科比的训练师说：“我会帮他安排好令人难以置信的训练强度，包括‘自杀式俯卧撑’。他会用力撑起身体，双脚离开地面，然后完成击掌。这是极为困难的动作，但这样的训练要做 3 组，每组 7 个，并且这只是他很多训练中的一种而已。”

天分能够决定的只有下限。它保证你不会得太低的分数，提供了一个入门的门槛。但你能走多远，成就会有多高，则不是天分可以左右的，而是你为之付出的努力。当你发现自己最擅长的技能时，要把它开发到极致，就要用高强度的练习来持久地训练，成为一个最刻苦和最执着的人。

我在哈佛商学院的导师曾说：“一个偷懒的天才，比不上一个认真努力的普通人，任何行业都是这样的。如果你经常偷懒，享受舒适，一段时间后，你就会看到自己的人生轨迹是下滑的。如果再经过一段时间，你还没有做出改变，那么这种下滑的轨迹就是不可逆转的。”

（最聪明的脑子也需要经常练习，否则就只会钝化）

即使你的脑子很聪明，也要经常练习思考。你有书法、唱歌的天赋，也

要定期进行专业提升。任何技能给予我们的天赋都不是永久保鲜的，如果不能强化训练，就会“不进则退”。

所以，与其说天赋成就了天才，不如说“有目的的针对性训练”造就了那些幸运的天才。

三、如何才是“有目的的训练”？

（怎样解释神童现象？）

2014 年 8 月，全日本心算选拔大赛在京都举办。日本埼玉县小学的三年级学生辻洼凛音赢得了“日本心算小学生”称号。她是全日本心算界最年轻的选手，成为人们公认的小天才。

日本全国心算教育联盟设立了包括乘法在内的六个比赛项目，比赛的难度很高。参赛者需要在有限的时间内抢答正确，满分 1500 分。这次心算比赛，从小学生到成年人共有 559 人参加。辻洼凛音在 146 个优秀的小学生中脱颖而出，实为不易。

辻洼凛音的母亲说，女儿从小就对心算很感兴趣，主动要求学习心算。女儿还利用计算机的屏幕闪现来进行心算训练。5 岁时，她就参加了当地“心算教室”的专业训练。

从一开始，辻洼凛音便展现出了心算天赋。6 岁时，她已经被日本全国心算教育联盟第 345 回鉴定为暗算的合格 9 段。当时，和她同段位的对手已是中学 2 年级学生，而她还是幼儿园的小朋友。由此可见，她是全日本年龄最小、段位却最高的心算练习者。到小学 1 年级 5 个月时（7 岁），她获得了最高的 10 段位，成为全日本年纪最小的心算纪录保持者。

这是了不起的成绩，说明她是神童。但神童是如何形成的，完全靠天赋吗？

第一，喜欢和专注的练习

她的老师高柳说：“这个小女孩喜欢心算，也专注于练习心算。她把大量的时间放到训练上。当其他小朋友在玩游戏和看图画书时，她都始终沉醉在这件事情里面。所以我对她未来的成长十分看好。”

第二，有目的的训练

虽然她还喜欢游泳、弹钢琴和练习体操，但她把主要的精力放到了心算练习上。在她每天、每周的课目表上，心算是排在第一位的计划。这就是有目的训练——你必须抓住一个主要目标——适合你的目标，并有利于释放出全部天赋，然后进行针对性的强化练习。

辻洼凛音能在 30 秒内迅速算出 5 条题目。每当休息日一家人出门购物时，她成了一个不喜欢购物的小女孩，待在家里练习心算。这些购物玩耍的时间加起来，成为她达成目的的一个坚实基础。每天放学以后，她做的第一件事不是去找邻居家的好朋友，而是练习心算，一直到晚上 9 点或 10 点才吃晚饭。

经过有目的的训练，她最擅长 7 位数的乘法，甚至比世界纪录保持者笹野健夫更擅长乘法。当旁人称赞她的天才时，并不知道她默默付出的这些辛苦。

文艺复兴时期的法国著名画家欧仁·德拉克罗瓦（Eug è ne Delacroix，1798-1863）说：“无论哪一行都需要职业的技能。天才总应该伴随着那种导向一个目标、有头脑、不间断的练习。假若没有这一点，甚至连最幸运的才能也会无影无踪地消失。”

这就是神童现象的本质。就像教育学家认为的，世间并不存在着什么天才，只有智能的低下与聪明的区别。天才的基因藏在每个人的体内，区别是有人开发出来了，有人一生都让它沉睡。

（羡慕天才的同时，你做了什么？）

人们羡慕天才，这是一种普遍现象。“你看，巴菲特是一个选股天才，他太厉害了。我要是有他的判断力，也会成为亿万富翁。”失败的股民这么说。他们在表达羡慕时，除了流露出闪光的眼神，什么都没做。

现代心理学研究指出，在开始学习的前3年，一个人的发展往往可以造就人的一生。也就是从小学一年级到三年级的这个阶段。但在我看来，真正决定命运的是从学习到毕业后的10年内，而且也只是决定了60%。因为对于一个有天赋、要开发天赋的人来说，高强度的努力和付出是伴随自己一生的。

1. 在羡慕别人的同时，要拿出一张纸，写下自己的天赋和开发计划。
2. 想一想，自己“要干什么”，也就是找到自己的“目标”。

现在有许多人，他们一分钟就可以记忆无数的阿拉伯数字，背诵一大篇理论，出口成章，思维活跃。还有许多人，他们对于事物有惊人的、精确的发现力，是判断问题的高手。但是在长期的竞争中，最后脱颖而出的并不是他们。如果你跟踪这些人的生活和工作，10年内你就能看到一个结果：

虽然他提出过更好的构想，实现这个构想的却是另一个人。

虽然他能够发现问题，解决问题的却是另一个人。

虽然他的记忆力很好，成为专家学者的却是另一个人。

“另一个人”长什么样呢？

1. 他的天分不一定比你强，但他比你更认真、更努力。
2. 他认为，忍受孤独和勤奋付出是应该的，并不关注别人如何看他。
3. 他清醒地知道，自己要做什么，并有高效率的计划和行动。

神童和天才都是天生的吗？我们现在可以给出一个结论：天才是训练出来的。同时，天才的成长和成功的过程也是孤独的、乏人理解的。我们每个人都有一定的天赋和擅长的方向，但要学会科学及高度专注地练习和强化天赋，有目的地开发这些潜能，才能把天赋变成成果，将“一个人的技能”变成众人受益的、无限升值的财富。

四、目的的构建和强化

（没有目的的努力，就是一种不负责任的懒惰）

我们首先要找到“目的”——目的就是你发奋努力要做成的一件事、要实现的一个目标。没有目的，我们的任何天赋、能量和意志力都无法聚焦。

我的同事、曾任麦肯锡管理咨询公司的高级咨询人员（Consultant）8年之久的洛达先生举例说：“爬山时怎样才能快速地攀到山顶呢？不是因为你的意志，是因为你有明确的方向。有了方向，你便知道自己要干什么，然后看见要走的路线，规划自己的步骤和节奏，分配自己的体力，训练自己的技术。”

也许你要问：“如何才可以克服自己的惰性而将自己推动起来呢？**为什么我有明确的目的，却仍然懒惰得不想有所作为？**”

没有目的的努力，是一种不负责任的懒惰。但有明确的目标时，有些人也仍然感觉自己的投入不够。惰性是一件很不容易克服的东西。这同时也说明，那些惰性强大的人对于目的的认知和构建力度，是存在极大问题的。

比如：你可能制定了一个内心并不强烈认同的目标。你以为自己必须做这件事，实际上“并不必要”。在这种情况下，对于自己的天赋开发和技能训练就不会投入100%的精力——潜意识不断地寻找偷懒的借口，让你慢慢地泯然众人，磨掉了天分和热情。

（一个“有利可图”的目标）

我到一些城市讲课，听到一个观点：“意志是克服惰性的一种力量。”没错，今天的人们都在强调意志，但“可靠意志”的形成，是要靠一个值得所

求的目标。就是说，这个目标对你是有利可图的——我们值得这么去做，因此有理由发动自己全身心地投入。在这样的目标面前，任何娱乐消遣和享受的东西都是不值一提的。

“利”是人类进化的主要目的之一。学习是为了谋得生存发展之利；爱情是为了娶妻生子之利；写代码是为了开发程序之利；创业是为了理想实现或赚取财富之利；发明创造是为了改变世界之利……喜欢“利”并不可耻，因为有利可图是人类的本性，也是世界进步的推动力。

建立一个“有利可图”的目标，就成了开发我们潜能、释放我们才华的重要一步。否则，仅凭初期的热情和动力，再强大的天赋也坚持不了多久，便可能弃之它寻，半途而废。

（一个最向往的目标）

洛达在他的咨询工作中重新阐述了“理想”：“让理想因我们而实现，还是我们实现了理想？这不是问题，重要的是你是否向往这么一件事情。”“向往”非常重要，它意味着无尽的热情和源源不断、始终不减的兴趣。

在训练自己的天赋之前，先要为你树立一个理想的和最向往的目标。

问问你自己：

1. 我要得到什么？（在今天和未来）

2. 我最喜欢和最向往的东西是什么？（让我热爱、擅长和感到舒适的目标）

对于这些问题，先在心里为自己找到基本的答案。也许你喜欢写程序，就像扎克伯格或其他优秀程序员一样；也许你擅长管理，想成为一位卓越的管理大师，或企业高级管理人员；也许你有音乐天赋，想把这方面的能力开发出来，成为著名音乐家；也许你有成为作家或画家的潜质，但对于如何实现目标还没有头绪。

这些是答案，也是目标和目的。等你确定下来后，将发现生活中有许多项目（在做的事情）突然变得有意义起来，而另外又有些东西变得不那么重要起来——可能昨天你还无比重视它们，今天就已视之为粪土。

这时，你就能找到一些可以把自己发动起来的力量，强化目的，并开始针对性的练习，特别是因此具有了超越别人的干劲。从这一天开始，你所付出的一切劳动才是有价值和有意义的，会拥有最低的损耗率和最高的产出率。

（一个“立足当下”的目标）

不要只盯着大目标，不要将“目的”概念化和虚空化。现实中的大部分人恰恰都在这么做。数月前，我去广州出差时认识了一位宋先生。他很擅长谈论目标，也善于总结自己的优势。比如他说：

“我做了3年生意，发现算账不是我的特长。我最厉害的地方是做创意，做前瞻规划，所以我需要找一帮牛人替我实现这些意图。如果我能找到5到8个牛人，那么我的公司3年内就能做到20亿的规模，5年后就可以上市。”

我问他：“你准备怎么做呢，如何开发你这个优势？”

他的回答是：“我需要去找一笔钱，告诉投资方这个规划。”

在整个对话过程中，他的眼睛都盯着5年后的蓝图，没有看到眼下迫切要做的事情。例如：他最擅长的创意能力，通过哪个项目体现出来？他有没有拿出一份说服大众、投资者和可以让下属死心塌地为之效命的计划，把最擅长的东西淋漓尽致地展示出来?

不能立足于当下，我们的目的就成了无根之木。在不合时宜的阶段，目标过大有时未免觉得遥远，而且太过于抽象。在这种目标面前，想强化我们的技能也不容易找到立足点。所以，要先从现实的小目标开始，展开一个简单的训练，迈出坚实的一步。

假如想存钱为自己购买一片果园（种植果树是你的天赋），你首先要做的并不是研究怎么扩大果园的规模——未来让果园上市或占领全国市场这样的蓝图，而是先要把建立一个小果园的钱准备好。没有启动资金，梦想再美也是泡沫。

明确了目的，接下来要做什么就很清楚了：

第一，你要存钱。一方面是开源，另一方面是节流。为了攒钱，多工作，少支出，先成为一个勤奋的人。

第二，你要借钱。如果存钱的方式太慢，很久都没有攒够启动资金，就要去融资。这时你要列一张清单，明确融资对象，训练自己的“借钱能力”。

通过确立现实的目标，制定务实的步骤，你会开始觉得空谈是有罪的，因为自己没时间想那些不着边际的东西。早晨要早起，才可以免得把时间浪费在床上。晚上要晚睡，才能多赚一点钱，准备得更充足一些。

这时，你觉得早起晚睡有了正面的意义，甚至觉得孤独寂寞也是一种积极的体验。它们在为你的人生创造成果。在起床之前，你就已经知道起来之后该忙些什么，就可以顺利地把自己从床上拉起来。在睡觉之前，你也明白今天做的事情哪些是有意义的，哪些需要改进，并为自己在某一时段的松懈感到羞愧。

同样的道理，假如你想在学问、艺术层面有一点成就，开发出自己引以为傲的天分，那么，达到目标的方法不是谈论成功后的场景，而是用功地阅读、练习和高强度的重复。比如读书，你要开始找一些自己应该读的书放在桌上，排出次序，一本本地去读。任何的浮躁心态都是一种破坏；你要弹钢琴或唱歌，就应该反复地弹奏曲目，训练嗓音。这些事情都是立足于当下，然后让我们的未来受益。

（强化目的，可以使用一些刺激性的策略）

有一位哲学家说：“我们要活得好像明天就要死去一样。”我们谁也不知道自己的生命在哪一天终结，因此活得漫无目的，有时 40 岁了还不清楚要做什么——虽然过去的 40 年他已经劳碌半生。

大部分人在潜意识中都预期自己可以活到 100 岁，至少会有 80 岁。有时临睡前躺在床上时，我也思考这个问题——我一度料到自己具有 90 年的寿命，不会像早夭的奋斗者那么倒霉。每当有这种想法时，人们就会放松对时间的要求。所以，在自己的黄金年龄（20 到 30 岁左右），人们不慌不忙，对于目标没有紧迫感，对于“目的”缺乏认知。你可能明白自己有一些天赋、追求，却不急于全力开发自己的潜能。

而认真生活的人则相信，只有自己可以掌握这短暂的当下。时间是有限的，精力也是有限的，当下要做的事情是唯一能把握的任务。因此，他尽量地利用他每一分钟、每一秒的时间去强化他自己，以一种极限的付出把自己武装起来。

现在很多人的问题是：**只有价值观，没有方法论。**

怎样给自己强烈的刺激来“强化目的”？——你可以用 3 个“对比”校正方向。

1. 对比别人的目标——和相同资质的人相比，你们在目标方面的区别是什么？

2. 对比别人的方法——和水平发挥更好的人相比，你们在方法层面的差别是什么？

3. 对比别人的结果——和对方的结果相比，你们在路径方面的不同是什么？

对目的不明确的人，他在方法层面也会犯错误。比如，如果一个人不清楚大学毕业后是做大数据构架师，还是市场经理，那么他在学习中的方法运用一定会出问题。因为他有可能选择错误的工具来加强技能，最终起不到效果。看起来他很努力地学习了 4 年，结果没有开发出自己的天赋。

建立和强化目标，是帮助我们克服惰性的方法之一。除此之外，你还要设法给自己找到一点正面的鼓励，否则很难把兴趣长期地维持下去。如果没

有持久的鼓励，几个月后你就会对一件事情感到厌倦，就不可能再有什么强化训练，而是随波逐流。“正面的鼓励”是什么？就像存钱，银行账号上面不断增加的数字便是最能使我们得到安慰的鼓励，它让你做这件事的时候充满动力。

然而最主要的，还是要在心中牢牢地记住一句话：“在选择目标方面，没有多少时间允许我们随意浪费。”构建和强化目的只是第一步，我们要深刻地洞察自己在未来相当长的时期内必须完成的使命，然后带着使命感进入状态，开发自己体内的天分。

测试 如何提高你的“目的指数”

【请回答下面 9 个问题】

1. 从什么时候开始，你清楚地知道了自己未来 20 年内应该实现的主要目标？

A. 知道；　　　　　　B. 不知道。

2. 当每天清晨醒来，你能否立刻意识到这一天你要完成的任务，并深知每一个步骤？

A. 是；　　　　　　B. 不是。

3. 对自己选定的目标（研究领域、开发技能），你是否足够坚定自信？

A. 是；　　　　　　B. 不是。

4. 在构建目标时，你是否能够针对性地发现和确立应该进行“强化训练”的方面？

A. 能；　　　　　　B. 不能。

5. 你认同“天才应该比普通人更刻苦”这句话吗？

A. 认同；　　　　　　B. 不认同。

6. 你认为自己比周边的人更努力还是相反？

A. 更努力；　　　　　　B. 相反。

7. 你是否认为自己在某一方面比其他大多数人更出色？

A. 是；　　　　　　B. 不是。

8. 在针对性的强化训练中，你是否愿意将某一环节的训练无限重复下去，哪怕看不到希望？

A. 愿意；　　　　　　B. 不愿意。

9.在努力了很久之后，你突然发现自己的目标是错误的，会放弃对另一个正确的目标继续努力吗？

A. 不会放弃；　　　　　B. 会动摇意志。

◆天才都是目的性很强的人，并为之付出艰苦卓绝的努力。哪怕一个细小的环节，也要有千锤百炼的心志和持之以恒的行动。不要怕乏人关注，不要总想活在聚光灯下，要伏首苦练，拥有自己最拿手的本领。

章总结：开启自己的“有目的训练”

天才不是一种天生的能力，它也不纯粹是一种经验。因为在许多领域有成就的人，数年之后反倒表现得十分糟糕。这说明经验无法成为凡人跃迁到天才的主要因素。天才源于练习，而且是有目的的强化训练。例如著名的投球手赖斯，他花很少的时间去比赛，但是却针对自己的特殊需要设计高强度、专业和针对性的训练。在本章中你可以看到，经过长时间的针对性的努力，在特定领域内可以显著地提升我们的表现水平。训练的关键是提高效能，所以必须富有针对性，建立正确的目的。

第一，有目的的训练需要“反馈”。

针对性训练对于结果的反馈必须是可以持续得到的。没有反馈的训练只会发生两件事情：你将不再进步，或者你对此不再在乎了。反馈可以让我们看到练习的进展，清楚地知道自己距离目的地还有多远。

第二，专注和集中的注意力必不可少。

针对性训练要求强大的专注和集中，因为它的工作量是如此巨大，以至于似乎无人能长时间地坚持下去。哪怕你的目的是明确的，意志力是强大的，也可能半途而废。科学研究显示，一天练习 5 个小时似乎是时间的上限，能做到这一点已经相当不错了，能长期坚持下去则可以取得巨大的成功。因为一个人不可能整整一天都保持高度集中的练习状态，但我们至少在练习的时间内保持高度的专注。

第三，训练是缺乏乐趣的，要做好思想准备。

现实中，做得心应手的事情当然会让人感觉舒畅，但这恰恰是针对性训练的对立面。任何有效的训练都是枯燥的，是缺乏乐趣的，你必须接受这个事实。从本质上说，有目的的训练往往令人十分不快。

第四，要避免进入一种“自动状态”。

形成习惯不好吗？在某种程度来说是不被允许的。本书建议你将强化自己的意识融入本能，但要避免形成过于强大的习惯。因为伟大的成功者从来不允许自己进入自动状态，这就是针对性的练习要达到的效果——你要避免自动性，或者说避开惯性，以避免进入另一种僵化的思考和行动模式。

第五，快速可靠的方式。

天才具备特别的记忆技巧。他们以快速和可靠的方式对于大容量的知识进行长期的记忆。这是可以训练的，前提是你要找到适合自己的便捷模式，在知识和练习之间建立一条通畅的路径，对擅长的领域实现深层理解，并成为一种坚固的知识结构。这是非常辛苦的，而你必须努力才能够做到。

第六，拆分式的反复练习。

你清楚地知道自己要传达的信息，挑战在于如何高效地表达出来。这适合于艺术领域的强化训练。知识和其他信息可以被拆分成片断，对每个片断进行分析，然后反复地强化练习，实现能力的进步。例如写作、演讲和音乐。

第七，创新的练习。

天才的一个共同点是他们的创新能力。在取得任何突破性进展之前，这些杰出人物都花费了多年的时间去做大量的准备工作——从量变到质变，需要一个雄厚的积累过程。一切练习都是为了创新，因此你要始终如一、完全沉醉于自己的领域之中，积累大量的知识，最终实现突破。

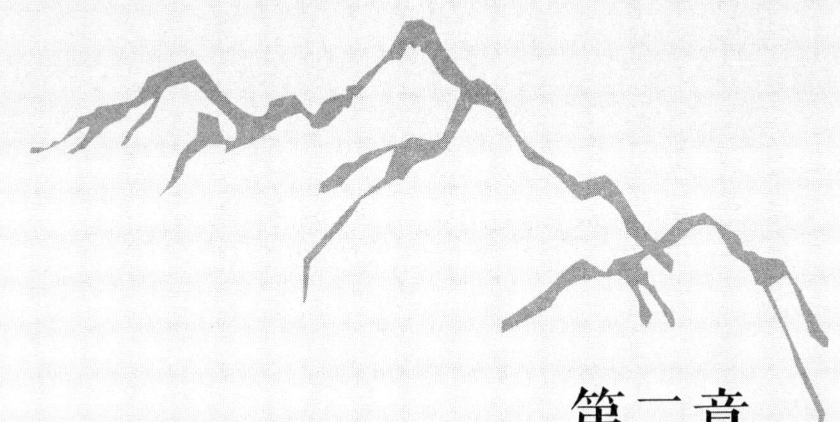

第二章

从凡人到天才：刻意的专项练习

——高强度和精准的练习是成为大师不可缺少的步骤

一、强化你最擅长的技能，弥补你最致命的弱项

（用专项训练，释放最锐利的锋芒）

就像玩扑克牌一样，优势是那张可以帮助你赢得胜利的王牌。刻意的专项训练首先是针对优势能力，让它在最短的时间（经过持续的强化）极限发挥。其次，当你认识到自己最擅长什么技能时，能否发现自己身上尚不为人知的最致命的弱项?

对于一个人的成就而言，是否具有后一种能力才是最关键的。

盖洛普民调中心的研究员巴金汉和克里夫顿在《现在，发现你的优势》一书中强调：没有人是全能的，成功者只是比一般人更懂得加强自己的优点，并且管理好自己的缺点。对天才来说，当他们明白并善于运用这一原则之前，也只是一个普通的凡人。天赋埋在尘灰之下，未经磨炼，不能闪耀光芒。

因此，我的建议是，你不应再苦思如何改进自己的致命伤，企图把缺点转化成优点。尽管缺陷必须加以调整，但你的工作重心首先应该放到磨炼优势技能上。这是从凡人到天才的必经之路。同时，再拿出对应的精力管理缺点，使它不至于成为发挥优势的绊脚石。

针对这个问题，盖洛普做了大型的民调调查，询问了全球 63 个国家的 170 万人：

“在每天的工作中，你是否有机会做自己最擅长的事？”

结果，只有不到 20% 的人回答有，另外 80% 的人则充满抱怨。他们不是气愤公司不给自己机会，就是感觉没有多少时间来强化自己的优势能力。无论出于何种原因，人们活在优势和弱项之间的桥梁上，带着矛盾心理浪费生命。他们中间也许有无数个“扎克伯格”，但他们最终没能成为第二个扎克伯格或者其他领域的大师。

对于早就意识到这一问题的人而言，事情也很严重——他们深切关注自己的优势才能被现实掩盖的原因。但是，第一，没有时间。时间太紧张了，在竞争激烈的今天，连调整情绪都成为一种奢望，何谈拥有一个周期来修炼自己？第二，不能用正确的心态、方法长期训练提升。即便制订了计划，也往往是错误的计划。

从天赋的角度来说，每个人都可以胜任很多事，但并没有投入足够的资源把它们开发出来。所以，要想让自己拥有的天赋变成独特而现实的才能，就要学会高强度和精准的聚焦，对自己擅长的技能进行专项练习。

1. 高强度——在我们的身体、精力和知识储备能接受的前提下，给予最高的练习强度。

2. 精准——找到应该强化和提升的专项能力，这是你的优势。

3. 重复——不断地重复，在枯燥和孤独中保持高昂的斗志和不衰减的意志力，一直重复下去。

（如何通过强化训练弥补弱项？）

1. 你的习惯决定了你可以成为什么样的人。

凡人和天才的最大区别不是天赋，是习惯。我们要观察弱项是什么，也就是“自己不擅长的区域”，然后在学习、工作和练习中予以避免。曾经有一位非常邋遢的设计师。他规定自己无论如何每天都要全面清理办公桌一次，以保持工作环境的整洁。当他养成这种新的习惯后，没费多大精力就为自己的专项工作创造了整洁的空间。弥补弱项的最优方式是建立习惯，用强化练习的方法建立习惯，然后腾出精力去发挥优势能力。

2. 有没有人可以帮你弥补弱项？

承认自己缺陷的一面，寻找可以弥补自己弱点的工作伙伴。就像那些取得辉煌成就的天才一样，他们都有一个完美配合的伙伴，形成优势互补。例如微软的创始人比尔·盖茨，他的天赋是预测趋势，但巴尔默的长处则是设定清楚的目标。两个人共同组成了一个无坚不摧的团队。表现杰出的人并不是精通十八般武艺，而是他们能够技巧性地避开自己并不擅长的领域，或者能够找到一个与自己优势互补，且可以互相协同的人一起作战。

3. 承认弱项的存在，但别把主要精力放在这上面。

可以承认弱点来获得帮助，但不要为此大费周章。你的主要任务是训练长处，而不是一直“填坑”。在调查中，我发现，有的人极具天赋，却一直在弱项方面尝试改变，花费大量的精力。这让他们的棱角逐渐被磨平了，荒废了最锋利的武器。我鼓励所有的人都主动承认弱项，让别人了解。但坦诚地说，你必须有一种“这没什么”的心态，继续投入到对优势技能的训练中。

（作为一个凡人，你的优势是什么？）

知识、技术和才能构成一个人的优势。在这三项中，哪些属于天赋之能呢？没有人说得清楚，凡人和天才一样，都依靠这三项的综合效能才可以取得不凡的成就。也许某些预测和观察能力是天生的，他们无法通过训练养成，但知识和技术可以。

作为一个凡人，当你充分了解自己所具有的知识、技术和才能的基础情况时，接下来要做的是一道多项选择题：

1. 我学到了多少知识和技能？（列出来）
2. 至今为止，我在工作和生活中运用了哪些技能？（比较重要和常用的）
3. 在这些应用中，我最擅长的技能是什么？（列出所有优势的选项）

通过这三个步骤，你就能看到自己的优势，然后有了一个“强化练习”的目标。所有的练习都围绕一个目的——增加该领域的知识和提高该领域的技术以全方面地发挥优势。比如对程序开发人员，如果你的优势是写代码和开发软件，你的练习目标就是强化在代码开发方面的优势，使自己从一个初级的码农变成高级程序工程师。专注而有效的练习，可以让一个凡人变成一个如假包换的天才。这不是包装的结果，而是训练的成就。

二、高度集中的精力至关重要

（不能集中注意力，是普通人最大的问题）

· 和别人（朋友、客户等）见面的时候，你是否聊不了一会儿就忍不住拿起手机，刷朋友圈或者去发布微博？

· 你是否觉得生活正被这些事情所蚕食——爽约、忘记期限、经常丢东西？

· 你是否做事突然没头绪，甚至常常拖延？

对这些微不足道的小事件的分析中——假如你有一天头冒冷汗地回忆起了这些记忆的碎片并将之串联起来，他们千丝万缕的联系指向一个问题：“我的注意力无法集中，我是一个容易分心的人！”

普林斯顿学院的历史学博士哈默森说：“在现代社会，注意力缺陷是造成工作效率低下的最主要原因，大部分人的拖延症在很大程度上也是因它导致的。我的研究表明，能从数量庞大的基数中经过激烈竞争取得伟大成就的人，他们都有一个显著的优点，具有高度集中的注意力。在做事情时，就像披上了一张黑布，外界的信息对他形不成任何干扰。”

郎朗在练琴时屏蔽所有的信息。他告诉记者，曾有 5 天的时间没有跟任何人说过话。他把自己关在练习间，夜以继日地琢磨音符和弹奏中的问题如何解决。他只是偶尔到窗口那里往外看一看，接着就回到钢琴边。正是这种极为专注的练习，才能使得他突破自己的瓶颈，一举成为世界知名的钢琴家。

注意力有缺陷的人经常陷入一种深深的自责之中：明明有能力做得更好，

却总是放任自己，直到生活成了一团糟。明明有天赋，却始终开发不出来。如同与天上的月亮无语对坐。月亮就在天空上，可就是够不着。

不能集中注意力，是普通人存在的最大问题。与高成就者相比，注意力有缺陷的人更难决定如何分配自己的精力，无法长期地专注于某一项研究。他们更容易感到无聊，不受控制地寻求新的刺激，在不知不觉中消耗掉宝贵的时间。

“见不到成效，太没意思了！我还是换换别的吧！”

大多数普通人都存在着这种现象——分心，不专注，难以持久，因此想出成果是非常困难的。分心也有一定的正面作用，比如利于观察和发现不同的事物，感知到某些过去被忽视的信息。但就一项能力的**极限开发**来说，分心则是减分项，是成为高成就者的不利因素。尤其在今天高度信息化的社会中，不能集中注意力，就意味着失败。

（“通宵达旦”的强行专注力）

你需要找到自己可以稳定立足的“方向”，然后给予“通宵达旦”的专注。天才并非始终可以集中注意力，但他们在集中注意力时往往比普通人更为专注和更为持久。他们的注意力十分“任性”，能够投入到真正让他们感兴趣的事物中。一旦发现某个领域、事项是他感兴趣的，就会废寝忘食、全身心地投入到这个领域，把其他无关的东西统统抛到一边。

这不是智力高超的特殊表现，而是他们深刻地意识到最大限度的专注对于成功的重要意义。所以我们会看到，天才人物通常也是极简主义者。他们对于无关紧要的东西保持着最少的关注，内心装满的全是自己最感兴趣和擅长的事项。他们甚至可以一天 24 小时思考和投入到这件事情上。

古希腊数学家毕达哥拉斯是“勾股定理”的发现者。有一次他出席朋友的生日宴会，宴会上非常喧闹。突然，他低头发现了脚下独特的地板砖，砖的形状深深地吸引了他。于是，他忘记了自己在出席宴会，不由自主地蹲下身来，开始对地板砖做数学方面的研究，并且最终发现了“勾股定理”。

我有一个朋友也像毕达哥拉斯一样。他从事气候研究，研究如何构建全球的气候变化模型。他每天跟海量的数据打交道。仅用了两年他就成了研究所最好的分析师，而他天资一般。他是怎么做到的呢？

“我相信这个工作是终生的事业，是我的兴趣所在。我认为，除了照顾妻小和工作，再也没有什么可以让我拥有使命感。我的生命中只有这么简单的两样任务。当我开始工作时，不断变动的数据仿佛就是在眼前跳舞的情人。我可以从清晨 6 点一直欣赏到深夜 12 点，研究她们的舞姿，猜测她们明天、后天和未来的几个月将做些什么，去哪些地方，影响哪些地区。”

问题是，如何才能确认自己感兴趣的事业呢？对你而言，如果一件事可以满足以下三个要素，那么就可以说明它很可能就是你能够用心坚持的事业——它是值得你投入全部精力的“情人”。

自主性：这件事你是否愿意主动去做，不需要任何人催促？

胜任感：这件事你是否有能力做好，不需要别人替你做大部分工作？

关联性：这件事是否可以让你与世界 / 他人发生重要的联系？

在坚持的过程中，强大的耐力和抗干扰力是过去和今天的天才人物最根本、最主要的心理特征。普通人也许有比天才更好的天赋，但缺乏耐力和抗干扰力。除此以外，我们看到的天才人物还具有以下心理特征：

他们孤独、内向、自闭、不善于（不喜欢）与人打交道。

他们偏执、坚定、狂势、能够（也愿意）长久地做一件看不到希望的事。

这些特征都外显为一个人的专注度和执行力。对天才而言，符合其兴趣

的特殊智力极为强大。反之，不符合其兴趣的特殊智力就极为微弱。和人打交道不是他们的兴趣，尝试新鲜事物也不是他们的兴趣，因此就会表现出上述孤独和内向的特征。

也正是由于这些特征的存在，他们能够忍受长期旅程中的枯燥和无人关注，能够付出更多的艰辛和努力来换取最后的成果。

现在，也许你是一个具有天赋的人，但还没找到自己的事业。你需要修炼和提升自己，开发和强化所独具的技能。那么，是否存在一些适合你的方法呢？

1. 强化参与感。

即便面对本可以不需要双手参与的一件事情，那么调动我们的肢体参与进去也是特别有效的方法，它可以提高注意力，提升最终的效果。

例如在看书的时候，同时拿起笔做一些笔记。哪怕你一开始只是在抄书，记录印象深刻的文字。因为写字能够让我们的注意力聚焦在书写的那一部分，由于写字的速度有限，对于特别难的内容，我们可以一边写一边理解。对于书上比较简单的内容，记笔记的方式也避免了浮躁而轻率的应付式阅读。很多人一目十行的阅读方式不但学不到知识，反而养成了注意力分散的坏习惯。

在写读书笔记的过程中，你对书本的知识脉络逐渐有了一些掌握，跟上了书本讲述问题的节奏。这样一来，你的大脑就很容易保持兴奋和有正反馈的状态，增强抗干扰能力。有调查显示，一个喜欢一边读书一边写笔记的人，通常能保持高度集中的注意力。在做事情时，他们的专注度更高，学习、练习和工作的效率也更高。

2. 一个快速的开始。

我对一位咨询者说：“别再分析和权衡了，没有意义。要快速开始，先行动起来再说。”无论你是强化技能、投入创意工作、撰写报表，还是从事其他工作，用一种能够快速集中注意力的方式进入状态，都能产生积极的正面效应。开头非常重要，不要害怕一开始犯下错误，在计划的起始阶段，“行动的速度”是核心要求。

通用电气的前 CEO 杰克·韦尔奇（Jack Welch）曾经要求属下学会“120 秒倒计时”。即：不论处理多么艰巨的任务，准备时间都只有 120 秒，也就是两分钟。两分钟后要步入行动的正轨，展示出专注和良好的状态。

我有一段时间在工作之前都先看一会儿闲书，比如坐在办公室的沙发上阅读半小时休闲书籍。后来我发现，这个习惯养成以后会让整个上午的工作氛围变得极为怪异，我迟迟进入不了工作状态。意识到问题的严重性后，我转而养成新的习惯——走进办公室的第一分钟，就快速投入到第一个要处理的任务中，先把工作做起来再说。快速的开始能让浮躁的心态迅速凝定，收敛心神。时间长了，我们的精力就成为有指向、有自律的武器。

3. 早晨醒来你先做什么？

这是一个人们经常自问的问题：“我早晨醒来为何那么慵懒？”有的人在醒来之后大脑一片空白：“我到底要干什么？”这是一个好的契机。因为人在刚醒来没多久的时候，大脑中的任务区域就像一张白纸。这时候去开始一段长时间的专注练习，效果非常好。如果你的大脑里面充满了琐碎的小事或者其他不重要的事项，就很难单纯地聚焦在某一件事情上。比如练书法、复习音乐课和练习写作等，这些都需要我们的大脑先清空杂念。早晨是一个最佳的训练注意力的时间段。

4. 专注力的自我训练。

一定要对“专注力”进行自我训练。我建议每天都拿出一段较长的时间进行集中注意力的训练，并制定相应的训练内容。

训练的内容是什么？首先，从持续一两个小时的专注开始做起，而不是直接就要保持专注五六个小时——很难做到，也不现实。其次，抵抗刷朋友圈、发微信的诱惑，让悸动的心安定下来，聚焦当下的自我，沉入内心——我要干什么？我应该怎么干？最后，每天固定某个时间，从事同样的活动，并养成习惯。

如果你是一名运动员，那么专注的自我训练往往就应用于赛前的恢复和锻炼。在固定的时间内，反复地训练同一内容，就像我们已经在诸多体育节目中听到和看到的那样：任意球大师贝克汉姆每天都拿出一个小时忘我地踢出上百个球。在这种重复和专注的训练中，他让肌肉形成了牢固的记忆。大脑也是如此，它需要对我们全神贯注的挑战做出更为显著的反应，这会拓展我们的思维，使天赋在更高的层次运作，而不仅是沉睡在体内的某个角落。

5.“断网”真的有效？

我并不同意许多专家提出的用“断网”训练专注力的方法，因为每当我们需要运用意志力保持专注时，往往是在环境干扰最多和最为复杂的时刻。在这种情况下，你无法关闭互联网和手机信号来求取暂时的专注。就是说，只有在强大的干扰中形成的专注力才是真正持久和经得起考验的。

你应该练习的内容是：**如何才能在联网的电脑和手机旁边工作、学习却不走神？**

这不容易做到。杜绝干扰（断掉互联网和关掉手机）的方法有许多人采用，我也曾经是其中的一员。这可以让你没时间顾及或者说处理其他的无关事项，比如有人找你聊天，发了一个好笑的视频给你，或者有一些广告电话。在一段时间内，你的效率会有所提高。但当你走出这个环境，在正常的氛围中专注于某一事物的时候，你无法关掉手机，也不可能断掉互联网。

为了能够顺利进入保持专注的阶段，要适当接受“不太大的干扰”，练习在有干扰的情况下集中注意力。

我在纽约认识了一位作家。他为了写好一本小说，晚上 10 点钟跑到酒吧，坐到舞厅旁边的位置上，听着劲爆的音乐，凝神写作。他总是在酒吧待 3 个小时，然后回家修改写好的内容。

我问道：“这么做是为什么，真能写出好故事吗？”

他回答：“我认为在嘈杂的环境中很难做成了不起的成果，除非我是跳舞的。但我在这种情形下锻炼了强大的专注力。当我回到家审视这些内容时，那种深刻的专注和连续的奇思妙想令我感到愉悦。我的灵感全部得以释放！”

6. 拒绝舒适。

如果你想要在床上躺着看几个小时的教材，写几千字的代码，练出一副好嗓音，我觉得是很难成功的。同理，窝在沙发上，在温暖或凉爽的空调房里面待着，都不利于我们长时间的保持注意力。主动创造一种不舒适、令你感到难受的环境，学会在不适的情况下保持注意力，才能应付未来长期的艰苦工作。

7. 为什么我建议你要有强烈的消极暗示?

通常来说，人们认为积极的心理暗示对生活和事业更有帮助。这是传统的观点。但在我看来，对自己进行强烈的消极心理暗示可以制造危机感。比如，你可以暗示自己今天不做这件事会出大问题；也可以暗示自己今天不温习功课明天就会考砸，未来会失去很多机会，人生从此前途渺茫。诸如此类，暗示一定要足够的强烈，把自己逼向死角，让自己无处可逃，然后将精神聚焦在当下的事项上。

不过需要注意的是，别把自己逼疯了。同时，我还要说一句，之所以不建议采用积极的心理暗示，是因为人们经常过度积极，乃至于盲目乐观，进而精力分散，放松对自己的要求。越是积极的暗示，越容易放弃对自己的高标准要求。

三、保证专项训练的连续性

（你是三天打鱼两天晒网，还是长时间忘我地投入？）

我有一个学生小李。他在上海读大学，专业是汽车检测与维修。这是一个前景良好的专业，因为国产汽车行业的发展如火如荼，对于技术工人的需求颇高。小李从大三开始就找实习的工作，到一家汽车厂的车间上班。车间主管要求他们这帮实习生必须每天在检修设备旁待够 5 个小时。

这 5 个小时都干什么呢？重复一个动作：拧扳手。小李算了一下，平均每 2 分钟替师傅拧一下扳手，一个小时拧 30 次，5 个小时 150 次，一个月就

是 4500 次。他要在这个车间待 6 个月，那就是 27000 次。除此之外，好像没有安排其他工作。

“我感觉没有意思，拧扳手太简单了，能学到什么？”

于是，小李坚持了几天后便开始旷工，一天只待 3 个小时，后来干脆隔天一去，再到最后他主动离开了汽车厂的检测车间，想去正儿八经的生产企业做点“有价值”的事情。结果上班第一天，他就被上司臭骂一顿：

“你连扳手都不会拧！”

小李感到困惑：“这有什么难的？我在汽车厂也学了十几天，不就是按照图纸说明拧到位吗，不就是上紧几个螺丝吗？”再通过细致的观察，他才恍然大悟。原来拧扳手也非常有讲究——力度、位置，甚至起始点的微小变动都决定了后续的技术指标。这时，他开始后悔自己当初没有认真练习这个动作。

像小李这样的做法，就是“三天打鱼两天晒网”。对于一个专项的练习，不管是多么复杂的环节和多么微不足道的一件事，如果不能持续地做下去并且做到位，都可能最终影响事情的成败。因为你并没有将一种技能发挥到极致的本领，也缺乏这样的意志力。

（不仅要擅长做一件事，还要真正地投入进去）

从心理学角度讲，人天生对新生事物怀有强烈的好奇心，难以找出谁没有对任何事物或领域产生过浓厚的兴趣。然而不同的是，有些人的兴趣只能持续几天。当遇到第一个困难、第一道坎的时候，他们的兴趣之火可能就熄灭了。不过，另一些人的兴趣火花就会演变成熊熊燃烧的草原之火，微小的火苗变成火种，一直稳定地燃烧很多年。简单地说，当后者要学习和提高某种技能时，会保持长久的热爱和持续的投入，真正地挖掘极限的潜能。

区别凡人和天才的一条重要标准，并不是对一件事兴趣的大小，也不是天赋的高低，而是他们的性格中有没有真正投入进去、努力和持久练习的燃料，能不能长期对一项技能进行不间断的专项训练。

所以，一个人只要拥有专注和持之以恒的性格，即便他在某个领域没有很高的天赋，或者没有浓厚的兴趣，也有很大的可能成为专家，也就是人们眼中的天才。促成这一结果的原因，就是高强度和精准的专项练习。

四、把自己当成“笨蛋”来训练

（即使天赋异秉，也要以无知的标准训练自己）

5 年前，《金融时报》的记者采访巴菲特时，说：“您总能猜对股票的走势，上帝给了您一面透视未来的镜子，却没给其他人。”

巴菲特回答说：“上帝创造了过去和现在，但他也不能决定未来，何况人类呢？我在股市取得一些成功的唯一秘密，是我能清醒地认识到自己有多无知。”

对于股市的动态和股价的走势，巴菲特始终保持着谨小慎微的态度。他从不轻易、鲁莽、自信地做出一个判断，而是将可能的风险最大化。基于严密的数据，推导未来十几年的前景。他还曾说过一句话：

“在市场面前，我们都是无知的。如果你认为自己看透了这个市场，或者拥有什么天赋，离你付出惨痛代价的时刻便不远了。”

众所周知，巴菲特是投资天才，可他却如此谦虚。他对于资料、数据有着痴迷般的追求，对每只股票背后企业的经营信息均务求做到详细的了解，以一种“一无所知”的态度去调查分析这家企业的发展前景，再做出判断，得出结论。这就是他成功的秘诀。

就算你在某些领域有一定的天赋，要把它开发和释放出来，也必须有足够的专注精神和虔诚的态度。在磨炼自己的技能时，要有一种“我是笨蛋”

的出发点，狠抓细节，反复研究和积累。

在佛教中有一句话，叫作“**初学者心态**”。一个人如果能拥有初学者心态，是一件了不起的事。把自己当成初学者，以“无知”的立场对待一个领域，开发自己的能力，不断锤炼自己的技能。持续下去，你就是下一个天才。

1. 自感无知，修炼便没有上限。

“无知”的出发点能让我们拥有一颗不被拘束的心，能够及时由当前的情况做出判断，而不受事先我们的天赋或“自以为是”的影响，降低对自己的预测值，方能以更低的姿态提升技能。就是说，这可以给我们的直觉留有很大的余地。

那些取得成功的天才人物，大部分都具备一种初学者心态。他们视自己为无知，因而渴望进步，无休止地修炼。在现实生活中，人们很容易错误地判断当前的形势：面对强大的对手或者高难度的挑战时，我们往往会认为输了的机会很大；反之，在遇到弱一些的对手或者容易搞定的事情时，我们又会轻易地认为自己肯定没问题。人们都可能在这两种情形下犯错。前者让我们主动丢掉了自己的天赋和优势，后者让我们认识不到自己的缺陷，意识不到即便有天赋，也是需要努力开发的。

2. 放下已有的成功，永远当一个新手。

言而总之，从凡人到天才，“放下成功”是一个必经的步骤。只有放下成功，才能脚踏实地练习技能，探索未知的领域。就如扎克伯格说的：“当同学们成群结队到校外酒吧 Happy 时，好像他们已经准备学成结业，而我永远要打开电脑，以虔诚之心面对那一行行的代码，我用它们将人和人联结起来，那里有我的事业。任何时候，我都觉得自己没有做到最好。”

所以，让自己永远当一个新手，集中精力去进行适合自己的专项训练。一个初学者或一个新手的人生中充满了各种的可能性。要对一切保持开放的态度，然后专注地把优势发挥出来。在此期间，不要把你的眼睛投向窗外的花花世界。

如何提高你的“专注指数”

【对数训练】

我们的专注度可以通过一个简单的题目测试出来。在以下的数列中，每一行中都有一些两两相邻、其和为 10 的成对的数。请集中注意力找出这些数，并且在每对的下面画上一条线。这个测试对于速度有严格的要求，必须在 7 分钟内做完，否则成绩就会失去意义。

A. 29148756394678831234567898765437

B. 98765432198765431421521621728192

C. 12345678912345671521631746135124

D. 33467382914567349129123198765190

E. 58982774675370988028382032465934

F. 20563770895749745505533554465505

G. 64328976378209382457864018258640

H. 76554744466688831345178313141561

I. 32132112312354378239237236324376

J. 98798787682676570198684743289610

K. 19873826455910884234568345679467

L. 24682468369118194455566667777738

M. 83659172375943767766554433221199

N. 91827364558183729108207456789234

O. 27348556472378026775675675645766

P. 63860918764382928765465435432321

Q. 97543354682254668574635296645342

R. 40439347368247463647586972837283

S. 901619846328764284876590711516 82

T. 83654289661036826754698457342891

U. 48654876983473896474676476473468

V. 89573869010285378232818171615648

W. 64286497628018365283667788991122

X. 48295163837846752266337744885599

Y. 62482746389619848328455918264379

◆专注度分析

本组数列共有 143 对其和为 10 的邻数。每答漏或答错一对数字，便得 1 分。

0~26 分：专注度非常高，在学习和工作中的注意力是高度集中的，完全沉浸于自己所做的事情，不被外界打扰。

27~37 分：比较善于集中注意力，但有欠缺。假如能够有意识地经常进行一些专项的练习，就会向上跃升一个台阶。

38~48 分：专注度刚刚达到及格线，你面临两种选择。第一是努力训练，成为拥有良好专注度的人。第二是停滞不前或者向后退，对现状不以为意。那么，你就会成为一个漫不经心、天赋始终沉睡的人。

49~143 分：专注度很差，警钟已经敲响，你是一个注意力非常不集中的人。如果改变这种状况，注定将一事无成。

章总结：训练专注力的 11 个简单方法

1. 每次只做一件事。

如果你手中正做着这件事，心中却又想着另一件事，很容易降低专注力。当你不断地分心想着其他未完成的任务，人的注意力便无法集中，而且容易产生慌张的情绪与增加心理压力，更加无法集中注意力。因此，在工作开始前先分条列好当天要做的事，然后一件接一件地完成，不论是学习、练习还是工作的专注度、效率都会明显提高。

2. 为任务预留空间和时间。

在管理时间和分配一项事务时，要在每件事之间预留一定的充足空当——即富余的时间。这样才不会临时有其他任务插队进来而使专注度下降，影响工作的成果。

3. 专注的“分心”。

假如实在无法集中注意力（努力了很多次之后），一旦如此，不妨先停下手中的工作，走出房间，脱离这个环境，专心地去“分心”。对待分心我们也需要专注，此时不要思考其他问题，暂时转移注意力。比如听一听音乐、喝杯咖啡、闭目养神、到外面散步等。经过一段时间对思绪进行梳理，再回去开始工作时，专注力便容易回归。

4. 想象练习。

强调“我要实现的”，想象“我可以实现的”。我建议人们每天早晨、中午和晚上各拿出 5～10 分钟的时间进行一次想象练习。想象的内容是——我正在进行的任务一旦完成，将会产生多么惊人的成果，或者将制造多么巨大的影响。想象练习的目的是增强我们的自信心。一个更有信心的人去处理某个问题，开展某项工作，他的专注指数也会更高。信心与专注度总是密不可分的，如果你对一件事的成功或最后的成果缺乏信心，便很难集中全部的注意力在这上面，而是会不由自主地思考其他问题。

5. 从一开始就进入高强度工作。

别幻想能够一步一步地进入节奏，这往往是不可能的。很多人都反映：越是想听一听音乐或浏览 5 分钟网页再开始工作，最后拖延的时间就越长。要强迫自己从开始的第一秒钟便以最高的强度进入工作状态，处理那些计划表上的任务。这能以一种骤然的力度凝聚我们的精力，迅速进入状态。

6. 无限扩大“热爱”。

对兴趣做最大限度的强化，把兴趣转化为极致的热爱，就像男孩对待自

己的初恋女友一样。热爱到狂热的程度，专注指数自然而然地便可以提升到最高。你会一心一意地投入到这件事情中，外界的任何东西都不能让你分心。

7. 找准定位。

就是要找到适合自己的事情——你有音乐天赋，便可以开发音乐细胞；你有文学天赋，便可以进行针对性的写作练习；你有 IT 天赋，那么就专注地研究程序。找准定位，是能够保持注意力的前提。定位不准，遇到问题时就不能集中精神攻关克难，因为你发现自己的努力是错误的。

8. 正确运用排除杂念的技巧。

人们都知道排除杂念对于集中注意力的重要性，但不少人的技巧是错误的——比如关掉手机和互联网，将自己密闭在一个人造的“安静环境”中，训练专注度。可一旦脱离了这个环境，在干扰无法屏蔽的区域内，这种训练便没有效果。因此，正确的排除杂念的技巧是融入干扰强烈的环境，适应环境并全神贯注地处理自己的工作，而非躲进一个人为的“温室”中。

9. 制订任务清单。

天才和凡人的最大区别之一，就是天才懂得制订任务清单。大到人生规划，小到月计划和日程安排，任务清单能将你的时间与需要做好的事项合理地衔接起来。要想精准地投入精力，就必须依计划行事。就像比尔·盖茨曾说过的：“我认为成功最重要的因素就是你必须明白自己在某一时刻该做什么。如果是应该做的，付出再多的时间也是值得的。”

10.“2 小时”训练法。

你可以这样训练我们的抗干扰能力：寻找一处人来人往的房间，背诵你的英语单词；在朋友、同事不停地跟你讲话时，把手中的工作做完；一边与妻子聊天，一边写完一篇两千字的文章。你应该有意识地制造这类机会，而不是抗拒。我经常与公司的同事讨论新闻八卦，同时强迫自己把咨询文案写出来。后来我发现，如果能用这个方法不定期地每次训练两个小时，专注指数就大大提升。

11. 简单的深呼吸。

深呼吸是“思维之氧”。如果注意力分散到了极致，那么就别再念叨“我要坚持”之类的鬼话，抓紧停下来，起身走到外面，或者离开座位为自己倒一杯白开水，然后做一次简单的深呼吸。这么做的好处是让身体补充氧分，顺便整理思路。有很多发明都是当事人在短暂的调整时间内灵光一闪，然后恍然大悟。

第三章

刻意训练的雷区：不要表演努力，要努力地提高

——关注问题的“改善率”，而不是训练的时长

一、虽然很勤奋，但你真的在努力吗？

（我们有 90% 的努力都是在例行公事）

其实，我们 90% 的“努力”都只是例行公事而已，并没有抓住问题的根本，更没有创造成倍的效应，加速进步的过程。

曾经有一位培训大师在全球各地开讲座，兜售他的课程。他的经历让人感动，他的语言让人激动。他号召每一个人都像他一样努力：“要努力到感动自己！”他有万千粉丝，人们疯狂地崇拜他。后来我专门去听了他一节课，认真地听完，然后得出一个结论：

“他这样让人不计方法地努力，只为了感动自己，会把人害死的。”

简单来说，那些每天都必须完成的工作和基本任务，并不属于我们倡导的勤奋的部分。它们属于一个人的“人生日常”，代表着生活和事业的基本分。对于这些任务，你努力的时间和强度并不能对技能的开发和天赋的释放起到决定性的作用。

比如下述事情：

每天写给老板的不能低于 2 千字的汇报。

在计划周期内完成领导交代的工作。

为了考研，温习购买的教材。

努力打扮自己，在职场上获取机会。

……

在这些方面，人们付出了巨大的努力，有时还觉得不够，并将之归结为勤奋。如果有时间，你可以在清晨 6 点去城市的地铁站看一看。那里人满为患，人们的脸上写满了疲惫，同时又全身充满干劲。他们都是即将在接下来的一天中付出所有勤奋的人。为了实现目标，他们愿意也一定刻意地做一些事情。但最后人们会发现，自己付出的努力有 90% 都是无济于事的，并没有创造应有的回报。

（剩余的 10% 在做什么，决定了你的训练是否有效率）

原因在哪里？这是因为真正的勤奋和努力是 90% 之外的部分——剩余的 10% 你在做什么？你做了什么？这才决定了你的能力能否得到提高，你的天赋能否被充分地挖掘出来。

作为一名颇有潜质的办公室白领（这是大部分人的社会定位和正在扮演的角色），每天工作 8 小时。这 8 个小时内，必须全力以赴地处理工作，凡是任务内的，都是例行公事。但在 8 小时之外，花费时间去做更多的提升，去充电，去开发自己的兴趣，这才是“高价值努力”的部分，也是天才之所以成功的根本原因。

天才比你厉害的一点在于，他们清醒地意识到自己需要对哪些方面进行高强度训练，有区别地制定勤奋的标准。

比如你要做一份漂亮的 PPT，但上班时间你要埋头写文案、做资料、接待客户……时间排得满满的，忙到焦头烂额，却没有时间学习和练习做更漂亮的 PPT。如果你没有在 8 小时之外的时间里补充做 PPT 的知识，可能半年之后，你仍然做不出一份漂亮的 PPT。假设这就是你的兴趣，是你能力中属于天赋的部分，那么你就用 90% 的努力把这 10% 的部分荒废了。

1. 为了避开刻意训练的雷区，我们要格外在意勤奋的“附加值”。

正如本节强调的，相当多的人以为只要勤奋就可以了，勤奋就有机会成功。在这种观点的误导下，人们将主要的精力投入到卖力的努力中，忽视了对努力的结果制定评估标准。你一定要把关注度放到勤奋的附加值上。即：“我做了这件事，现在或未来会让我（社会）得到什么？”

2. 问题的“改善率”永远比训练的时长更重要。

换一种说法就是，我们要用最小的成本从训练中得到最大的回报。你可能付出了 30 天的“日夜加班”，问题仍然存在；也可能用 3 个小时就解决了问题。两者区别在于训练的方向和方法。因此，当你决心开发自身的潜能、计划展开高强度练习和付出最大的努力时，先分析一下自己要做的是否能够对面临的问题形成最大效率的改善，而不是关心努力的时间——如果没有效率，时间则无意义。

二、表演 10000 小时努力，还是高效地用好每一分钟？

（你是办公室最后关灯的人，为什么还那么弱？）

美国最优秀的运动类书籍作家之一丹尼尔·科伊尔（Daniel Coyle）写下了全球畅销书《一万小时天才理论》。他在书中提出了一个观点：根据一项统计数据说明，**任何领域的任何专家都要经过 10000 小时专心致志的练习**。没错，想成为专家级的人物需要付出艰辛的努力，在任何领域内这个规则都是适用的。10000 小时只是一个概数，具体到不同潜质和环境中的人而言，它可以是 20000 个小时，也可以是 8000 个小时。

天才也不例外。音乐大师莫扎特很小的时候就才华盖世，被誉为音乐神童。无论什么音乐，他只要听一遍便能记录下整首乐曲，这让人十分惊叹。在外人看来，这个小子厉害极了，上帝给了他可以吃一辈子的天赋。但在他父亲看来则并非如此——莫扎特在 6 岁生日之前，已经在父亲的指导下练习音乐超过 3500 个小时。其中的艰辛和磨难不是那些羡慕他的人所能够想象的。

鲍比·菲舍尔（Bobby Fischer）是国际象棋界公认的天才。他智商高达 187，被认为领先整个棋界 15 年以上，也是一个被认为美国视为民族英雄后又被公开通缉的怪才。早在 17 岁时，他就奇迹般地奠定了象棋大师的地位。但是你知道吗？在这之前，他投入了足足 10 年的时间进行艰苦的刻意训练。这个漫长的时间内，他没有表演自己的训练，而是在无人看到的地方悄悄练习。

有科学家总结说，这说明了对于天赋而言往往有最合适的启蒙时间：体育项目就要从 7 岁开始强化训练，而艺术天赋则越早越好。天才所拥有的细胞（天赋因子），普通人也一样拥有。不同之处在于，成功的天才在同龄人还在玩耍时便开始了魔鬼般的训练，对于某一项技能展开了高强度的刻意练习。天才就是这么产生的，没有其他途径。

成为天才，必然要经过日积月累的勤学苦练，毅力、耐心、承受孤独，最重要的是时间的“消耗”，但只有这些条件并不一定能成为天才，还有很重要的一点——努力的方式，如果你只是在不断地追加时间，却没有找到正确的方式，成功的概率依然很低。

我几年前的一位同事妮可总是办公室里最后一个关灯的人。她看起来很努力很勤奋，似乎不给她颁发一个“最勤劳奖章”老板都会不好意思。但奇怪的是，妮可的业绩并不是最好的，她的勤奋努力并没有能换来升职和加薪。

她在脸书上抱怨说：“从老板到经理，从部门同事到客户，都知道我是最最努力的一个，我有多辛苦他们看在眼里。我参加了公司所有的培训项目，加班加点地处理工作，抓住一切机会提高能力，简直成了一个永不停歇的机器人，可是换来的却是这么一个结果。”

也许你也曾经遇到过下面的这些问题：

你是办公室最后关灯的人，为什么还那么弱？

你让所有人都看到了你的努力，为什么没人同情（尊重）你？

你没有把任何空闲时间拿去娱乐、偷懒，为什么你仍然提高不了自己的价值？

你抓住一切时机给自己充电，为什么天赋还是没有开发出来？

这是因为，你只是在努力延长勤奋的时长，却并没有提高努力的效率。高效的努力要利用好每一分钟——不是为了让人看见，而是为了真正地开发我们擅长的技能和提高解决问题的能力。刻意练习针对的是我们最拿手的强项，要为最后的效果服务，而不是活在聚光灯下，追求“有多少人看见”的毫无实际意义的目标。

（“努力的时间”+“正确的方式”和“成为天才的概率”成正比）

这个公式的核心是，我们如何才能高效地利用好时间，让每一秒钟的练习都产出最高的成果？

早在20年前，我就学会了一个提高时间效率的方法，寻找正确的方式开发兴趣。在每一次练习开始时，先给自己一种强烈的自我暗示——这种自我暗示能够使自我发生深度的变革，打破陈旧的心理模式，迅速提升自己的专注力、反应能力和运动能力。为了保证高效的时段得到利用，我把每一次工作、练习都当成“高考”一样对待。

为了一次高效率的通宵加班——训练自己写文章的技巧，你会提前准备什么？

精神准备：白天补一个午觉；
物质准备：晚饭要吃饱；
技能准备：知道正确的写作技巧；
知识准备：掌握必要的基础知识；
时间准备：计划好加班的时间。

在加班处理重要的任务之前，不论是写作、谱曲或编写程序，我们已经把这一时段的表现重复了多遍，因为昨天、前天你都是这么干的。为什么经历了漫长的过程后仍然没有进步呢？那么，我们再来看一看，我们在一次高效练习中是否具备了这两个关键的环节：

努力的时间：1万小时不能是表演出来的，是真正围绕自己的需求去付出高质量的努力；

正确的方式：认清你的天赋是什么，然后采取针对性的正确练习。

这两点的结合所产生的效果，决定了我们成为天才的概率有多大。在练习开始前，我把备好的全部物品摆在桌子上，深吸一口气，从眼睛开始做一次适当的保健，对接下来的高强度工作进行预热。我要检查一下自己的计划和练习方式，查看是否有哪些错误和问题；多浏览几遍某些重要的概念以及案例，再思考自己应该采用的表述技巧；我还要考虑自己的读者、听众和培训公司的管理层——他们是不同的人，来自不同的阶层，针对这些差异极大的群体，如何才能让他们都能理解这本书的内容？

对于一个想开发自身才能的人来说，努力不是用来表演的——观众并不重要。如果你总是为了让人们看到你在努力而去训练，或者做某些奇怪的事情，你最终会发现，自己不但失去了大量的时间，而且什么都没有干成。你的天赋依旧沉睡，人们也无法看到你的价值。

三、执行自己的计划，还是迎合人们的期待？

（要成为天才，就必须专注于自己既定的计划）

有一天，考研放榜，你落榜了，半年时间一蹶不振。因为亲戚朋友都很失望，你觉得对不起他们的希冀。但是，你为什么要活在别人的期望里呢？

南京有一个颇有天分的女孩。她在上海读书已有6年了。这6年来，她一直努力向上攀升，就为了兑现那个“她有音乐天赋”的论断。这是亲人圈和社交圈对她的期待。因此，她读完本科就开始考研，全部业余时间都拿来练习音乐。但这不是她的既定计划。

她说："落榜以后，我的心情难以言喻的复杂。说不失落是假的，不过我也长叹一口气，因为我的一切安排终于不用再受到别人的影响。我可以放开手脚，不受牵绊，专注于我自己的计划。"

实际上，这个女孩最喜欢的领域是体育。她在高中时就是一个足球班的优等生，身体条件好，踢球很有天赋。现在年龄大了，再上场踢球已不可能，但她仍然可以从事与足球相关的工作，比如考取教练资格证，用自己对足球的独特理解和丰富的理论知识在这个行业打拼出一番天地。

从小到大，我们一次次地想要证明自己，想要告诉长辈：我已经长大了，我开始一步步变得优秀起来了。可在家人的面前，我们有时还像小孩子拙劣的表演一样，并不能让人满意。这是因为，我们在很多时候执行的计划都不是自己的，而是周围的人替你制订的。他们希望你完成一些"目标"，实现一些"梦想"——这些目标和梦想不是你的，是他们对你的寄托。

现在，让我告诉你一个最大的雷区：当你想成为一个成功的天才或者人才时，假如你不能审视自己的计划是否完全由自己决定，那么你所做出的努力就无法创造出应有的价值。**你始终活在别人的轨迹上。**要想成为天才，就必须坚持和专注地执行自己的计划。

当这名女孩给我写来邮件时，我对她说："你是一名很棒的姑娘。我等你的好消息。你一定可以！"在实施自己的人生计划时，她就找到了努力的方向，避开了这个雷区。随后的几个月，她每周发来自己的训练计划，告诉我都有哪些进展，最终成功地考取了教练资格证，进入了自己喜欢的行业。

（不要因为"无人理解"就缩手缩脚）

北京有一位周先生，他告诉我最想做的事情就是做油饼。那是他们老家的一种特色食品，手艺难学，但他觉得自己可以做得很好，同时又很喜欢这种技能。因此，周先生辞掉中关村的工作——那里的氛围让他厌倦，那项工作非他所长，也不是他希望从事的领域——回老家拜师练习做油饼。

这个决定引发亲朋好友的一片哗然。别人给他贴了太多的标签：傻，糊涂，白痴，有病……诸如此类。父母也不理解，自己的儿子为何放弃科技公司优越的福利待遇，选择下海做小生意，而且是这么辛苦的手艺活。要知道，做油饼和卖油饼需要一个人起早贪黑，完全打破朝九晚五的舒适的生活规律，成为一个靠手艺和市场吃饭的人。

周先生说："没有人理解我。那段时间电话不断，亲戚、朋友、前同事，甚至前老板都打过来问我怎么回事。他们非常困惑。可我认定，这就是自己喜欢和擅长的。我要在这个领域做到最好。"

发现了自己的特长和兴趣，因此不管有没有人理解，都坚定地走下去，制订明确的计划，忍受旁人的异样眼光。周先生经历了这个过程。他没有缩手缩脚。学做油饼是一个令人煎熬的经历，需要反复练习手感。"比如揉面，外人觉得用机器揉就好了，可内行人知道，机器揉出来的面不可能有那种特殊的韧劲，也做不出地方特色。揉面是一门高深的手艺，我足足练了半年，师傅才说我勉强合格了。"这半年中，周先生一天有 12 个小时待在厨房里，琢磨手感，一遍遍地重复那个简单的流程。

最终，他做出的油饼又香又有嚼头。学习了近一年，师傅才允许他出去单干。他回到北京，在王府井附近的小吃街租下了一个 15 平方米的小门店，开始了自己的事业。用了不到半年，他就在附近小有名气了。

重要的不是有没有人理解，是你要做自己。不要迎合看客的喜好，做他们所认同的那一面。在世俗的眼光中，众人不接受的那一面就是不好的，比如工作的类型、感情的选择等，无论你怎么做都有一双双的眼睛在盯着你。因此你开始缩手缩脚？发朋友圈前要三思，图片修了又修，简短的几句话反复润色，反复修饰，生怕被人挑出毛病。选择专业和工作时也瞻前顾后，担心有人会因你的选择而不高兴。这些都不是你的计划，也不是你自己的人生。要避开掉进"别人替你选择"的陷阱，保持自己的风格。重要的不是别人是否理解你，而是你要做自己。不要患得患失，也不要因为别人的看法和期望改变自己。

别让人们过多地影响你的决定，要自己决定朝哪一个方向努力。洛杉矶的一位优秀摄影师曾说："在我看来，世界上的每个人都不过是在画皮，画出一个别人喜欢、自己也可以接受的皮囊，似乎这样就能如鱼得水，可终究不是我们本来的面目。"他年轻时立志当一名走遍全世界的摄影师。为此，他在家庭会议中力排众议，没有听从父母的建议去哈佛商学院读 MBA。那时人们都反对他，可他凭借强大的意志坚持下来。现在，他是美国摄影协会的重要一员，许多新闻摄影作品获得了全球性的大奖。他的成功经验就是——自己独立选择的方向才能开发出体内的潜能，成就辉煌的人生。要抵抗众人的意志，坚持由自己做决定。

（你为什么要活在别人的期望里？）

在平时的生活中，父母在不知不觉间影响着你的决定，哪怕你是扶不起来的阿斗；亲友在耳濡目染中左右着你的想法，为你灌输经过描绘的未来；同事和上司在工作时间创造了一个共同的特殊环境，塑造着你对于事业的价值观。这些人用他们所见到的某一个方面对你下了定义，并对你提出了要求。一旦你超出他们的定义，违背了这个要求，他们就会掉头走掉，或者满脸不高兴。

你总是觉得很多人在关注着你，生怕自己辜负了他们的期望。可你的得与失对于他们，终究掀不起多么大的波澜，你的事业成败仅是人们的谈资，结果是你自己一个人在承受。他们鼓励你时会说："我相信你可以的。"也可以安慰你："你没做到是情有可原的。"

但是，你为什么要活在他们的期望中呢？

扎克伯格在一次采访中谈到为何要创办脸书，提到了当时的强大阻力："只有少数朋友支持我。我们是死党，明白这件事是如此重要。其他人觉得我是神经病，是怪人，是这所大学的异类，但我毫不在乎他们的眼光。我有我的计划。"

在这种满不在乎的心态下，一个人的奋斗是孤独的，可也是充满热爱的。所以，不要总是内心忐忑：**"如果我没有达到别人的期望，他们是否会对我失**

望，是否会因此改变对我的看法，是否会不喜欢我？”别再这么想！从现在开始，为你自己而活，只有你自己最有资格决定：

“我想做什么样的自己？”

看看身边的优秀人物，他们也许没有强大的天赋，或者也没有雄厚的资源和人脉。但他们有自己坚定的选择，不会思前顾后，不用肩负别人的期望，也从不强颜欢笑。他们明白一个道理：只要自己足够喜欢，便要坚持下去，因为这是正确的方向。

四、努力的方法论

（从普通人到天才，我们需要科学的方法论）

成功＝刻苦努力＋方法正确＋方向正确。

就像英国科学家达尔文说的：“世界上最有价值的知识是关于方法的知识。”再次强调一遍，正确的练习方法是成功的三要素之一，而且很可能是最重要的要素。如果只有刻苦努力的精神和脚踏实地的作风，而没有正确的方法，天才人物是不可能取得成功的。法国的物理学家朗之万是物理学界的天才。他在总结读书的经验与教训时也深有体会地说：“方法的得当与否往往会主宰整个读书过程，它能将你托到成功的彼岸，同时也能将你拉入失败的深谷。”

方向是什么？

美国的威克教授曾经做过一个有趣的实验：他把一些蜜蜂和苍蝇同时放进一只玻璃瓶里，使瓶底对着光亮处，瓶口对着暗处。结果，那些蜜蜂拼命地朝着光亮处飞，最终气力衰竭而死，而乱窜的苍蝇却可以溜出细口的瓶颈而成功逃生。

这表明，方向并不一定是常识或传统中的观点——**人们在互相影响的过程中潜移默化形成的某些认知未必是正确的，这也是影响普通人开发自身天赋的重要因素之一**。假如从一开头就选错了方法，走错了方向，那么就可能步步皆错。

从普通人到天才，我们都需要科学的方法论：

第一，认识到自己的特长是什么——不是粗浅的认知，是要做到精细的定位和规划。

第二，发现适合自己的领域——努力的方向比方法更重要。如果方向错误，刻意训练就成了对自己天赋的摧残。

比如在穿衣服的时候，如果我们把第一颗纽扣扣错了，那么下面的扣子肯定会跟着出错，整个衣服穿在身上就是不伦不类的。虽然它的布料昂贵，别人都穿不起，但不影响人们嘲笑你。同样，在刻意训练的过程中，如果前进的方向没有选对，那么不管你有多么勤奋和努力，最终的结果也很难达到一个“及格线”。你可能会成为一个优秀的精通现有法律与财务知识的会计师，但不会成为一名具有创造性的财务专家。你在不合适的方向付出的努力越多，那么你就越偏离你想要达到的目标。

在一座寺庙中，住持叫来三个弟子，告诉他们：“你们带这个施主到五里山，打一担自己认为最满意的柴火。”三个弟子很听话，带着施主沿着门前的江水直奔五里山。住持在门前等他们，首先回来的是那位施主，扛着两捆柴。住持让他在一边休息。一会儿，两个弟子用扁担各担着四捆柴也回来了。另外一个小弟子最后从江面驶来一个木筏，上面载着八捆柴。

施主说：“我开始就砍了六捆，扛到半路，扛不动了，扔了两捆；又走了一会，还是压得喘不过气，又扔掉两捆；最后我就把这两捆扛回来了；可是大师，我已经很努力了。”

大弟子说："我和他恰恰相反。刚开始，我俩各砍两捆，我和师弟轮流担柴，觉得很轻松；最后，又把施主丢弃的柴挑了回来。"

划木筏的小弟子说："我个子矮，力气小，别说两捆，就是一捆，这么远的路也挑不回来。因此，我选择走水路，自己打造了一个竹筏。"

住持走到施主的面前，拍着他的肩膀说："一个人要走自己的路，本身没有错，关键是怎样走；走自己的路，让别人说，也没有错，关键是走的路是否正确。你要永远记住：选择比努力更重要，选错了方向，即使再努力也是失败。"

砍柴就像训练，也是一种艰难的历程——我们需要寻找一条道路，磨炼自己的某种技能，争取最好的结果。但是通向成功的道路有千万条之多，这是人们的俗话，但不是每一条道路都适合你。你有什么样的选择，就决定了今后会拥有什么样的人生；你选择了如何努力，决定了未来你的成就到底有多高。

我们今天的现状，是几年前自己选择的结果。也许是 5 年，还可能是 10 年。总之，某一个时段我们对于未来的方向和努力的方法做出的选择，影响了今天我们的成就。凡人和天才的区别也就在于此，天才选择了正确的方向，制定了正确的努力方法；凡人往往选择了错误的道路，虽然辛苦却收效甚微。

测试　如何提高你的“效率指数”

【10 种不同的选择】

1. 面对一门可以提高自己的技能却要花费大量钱财、精力的训练课程，你会怎么选择？

A. 专门安排时间，坚持训练；

B. 不感兴趣，觉得有这时间不如出去旅行；

C. 很想参加，但是觉得面对的困难太多，最后还是放弃了；

D. 准备了时间参加，可没有办法坚持下去。

2. 有一位重要人物将来拜访，但你家就像猪窝一样，你会怎么选择？

A. 专门空出一天来进行整理；

B. 约他在外面找个地方；

C. 觉得没什么，保持原样；

D. 到最后关头才稍作整理。

3. 你想办一个聚会，但是很多朋友的住处离你这儿很远，你会怎么选择？

A. 提前 2 周通知朋友，请他们早做准备；

B. 提前 3 天通知朋友，认为他们能安排开时间；

C. 当天才通知朋友，对他们如何过来不感兴趣；

D. 只邀请住得近的朋友过来。

4. 上司暗示你可能会被升职，你会怎么选择？

A. 非常兴奋，更加努力地工作；

B. 像以往一样，觉得正常；

C. 表面没反应，下班后狂欢庆祝；

D. 觉得还是会有很多的变数，不敢轻信。

5. 有一天，你发现家中的水箱在往外渗水，你会怎么选择？

A. 自己动手修理，一小时修好；

B. 找朋友过来看看是怎么回事；

C. 找个水桶在下面接住，得过且过；

D. 打电话找修理工，付费修理。

6. 有一项重要任务的交工时间快到了，你会怎么选择？

A. 把收尾工作交给手下，自己去开启新任务；

B. 亲力亲为，做完每一个环节，哪怕它不重要；

C. 对工期没有意识，直到最后才发现时间紧迫；

D. 超时完工，效率低下。

7. 自己的身体素质不太好，你会怎么选择？

A. 经常健身，合理饮食并且定期体检；

B. 不加控制地喝酒抽烟，夜生活丰富；

C. 制订了健身计划，但迟迟没有行动；

D. 制订了健康计划，也有行动，但想起来会去做，想不起来就算了。

8. 在你的信箱里面，经常会有堆积起来未处理的邮件（各类信件）吗？

A. 有时；

B. 经常；

C. 偶尔；

D. 没有。

9. 在制订一个专项提升的计划时，你是怎么选择的？

A. 制订最严格的计划，用最严苛的标准监督自己；

B. 制订最完善的计划，会把方方面面都考虑到；

C. 对制订计划感觉头疼，因为你不喜欢被任何东西提出要求；

D. 虽然制订了一份好计划，但你从不执行。

10. 当有一天面对一笔庞大的欠款，你会怎么选择？

A. 不愿意面对，拖一天是一天；

B. 四处借钱，为筹钱而苦恼；

C. 梦想有天外横财或者别人过来帮自己解决；

D. 想尽一切办法，用最短的时间把钱还上。

◆通过测试检查一下自己的处事方式，是不是低效和偏离方向的？它总是妨碍了我们自己的成功，非但没有帮助到你，还会使你的效率下降得一塌糊涂。这是因为我们总是不由自主地设置一些挡在前面的障碍，让你总是想把事情办好到头来却一团糟糕。要看清这些障碍都是什么，才能真正地提高生活和工作的效率，开发出我们体内的潜能。

章总结：获得高“改善率”的八项原则

1. 学会利用不同种类的时间。

对于如何提高效率，一定有人跟你说过这样的话：“我们把每年看电视的那么长的时间拿出来，可以干成多少大事？”对这一点不可否认，做正经事肯定比看电视更好地利用了时间，但是这个结论的成立需要一个假设：“时间在任何时刻都是相同的。”可事实并非如此，时间在一天的不同时段具有的性质并不一样，因此对于练习的效率和解决问题的质量影响也大不相同。

时间分为不同的种类。比如，在坐地铁时我们无法集中注意力写一篇文章；在吃早饭时也不能写出一封很好的电子邮件；在清晨刚醒时我们也不能处理需要重大决策的问题。有时候我们心情不佳，做什么都没兴趣，这时就只能看看电视、听听音乐，甚至坐到阳台上发呆。如果希望自己变得更加有效率，你必须意识到这个事实，并且很好的处理它。学会区分时间的种类，然后再利用这些不同种类的时间，合理地安排各个时间段应该处理的任务，才能将自身的优势充分释放出来。

2. 不要浪费时间做没有意义的事。

我们都明白这个道理：生命是如此的短暂，为什么浪费时间做一些没意义的事呢？天才之所以愿意忍受孤独、穷尽一生为了某个事情付出艰苦的努力，一定是因为这件事是有意义的。不仅对他自己而言，而且是之于全人类，或者某个行业。比如，扎克伯格的付出让我们拥有了全新的社交工具；比尔·盖茨的付出让电脑开启了视窗时代。这就是意义。

所以，你应该问问自己："我为什么要做这些事呢？有没有一些更重要的事等着我去做？为什么我不去做那些事呢？"这些问题有时很难回答，但是每解决一个都会让你变得更有效率，解决问题的"改善率"也会有极大的提升，不会驻足不前。这并非让你将人生全部的时间都奉献出来追求意义，而是告诉你——对于刻意训练来说，这是一条衡量效率的重要标准，也是天才和普通人的一个重大区别。

3. 用清单记录刻意训练的正确计划。

一旦你决定执行某个计划，贯彻某个思路，最好把要做的事列成一个清单。然后，你就可以更好的分类和组织它们了。比如对一名优秀的程序员来说，他的清单包括：编程，读书，思考，休息和向老板交差。其中，为了提高编程能力，他可能在清单上安排大量的反复进行的练习项目：研究编程技巧，分析软件的市场应用等。

大部分的清单都包括很多不同的任务，即使与训练有关的亦是如此。就以写文章为例，除了真正的写作过程，还包括阅读其他文章，琢磨文章内容的各个部分，整理观点和调整章节等。为此我们要投入大量的时间，专注自己的精力。每一项任务都属于清单的不同部分，而你在合适的时间才去做某一部分。

用清单作为记录和监督的工具，事情就会简单许多。我们需要做的事就是时常记得它，遵循清单的安排，并把它放在自己能够看到的地方。例如，在我埋头工作之处，一抬头就能看到一张计划表，上面密密麻麻地写满了今

天和未来的一周内必须干的事情，指导我在一天之内的各个时间段该做什么，省去了思考的时间。如果不这么做，你就要在每天拿出相当多的时间考虑和安排这些问题，这对精力和效率都是一种巨大的损害。

4. 当感觉自己拖沓时，调整方向是最佳选择。

传统的观点认为，如果一件事做得很拖沓，就应该强制自己改变恶习。但在很多调查中我发现，这么做的效果并不那么明显（至少不像许多励志书籍讲得那么有效）。虽然很多人不承认，但是几乎所有人都或多或少的遇到了这个问题，且采用经典方法后仍然没有得到改善。对此，我们该如何避免呢？

在工作中，从旁观者的角度来看，一个人会拿出一天内三分之一的时间做好玩的事（如玩游戏，看新闻）而不是做真正的工作。问题的关键是，他究竟为什么会这样？他的脑子里到底是怎么想的？他明知这么做是错误的，为什么不采取果断的行动？或者说，他一直在辛苦地试图战胜拖沓，可为什么总以失败告终？

我花了很多时间与哈佛大学的科学家来研究这件事，能给出的最好解释是：你越想做好一件事，就越能感到大脑对于它的排斥力。在精神层面这是无法解释的，你不可能通过蛮力来克服它。最便捷的方法是，请思考一下它是否是你最愿意做的事情。如果不是，你应该做的是调转方向，别再这么痛苦地纠结下去。

5. 注意区分“被指派的任务”和“自主的训练”。

影响效率指数和改善率的还有两个主要的原因：

第一，任务是否艰巨？

第二，任务是否是被指派的？

我们都不喜欢艰巨的任务，也排斥被指派的工作。和前者相比，后者产生更多的痛苦。如果两种原因同时发生，说明你的天赋被掩盖了，时间都拿出来做产生负收益的工作，问题的改善率是很低的，效率也难以提升。

我的建议是：首先，你不能将自己的任务设计得过于宏大。例如你希望做一个智能家居控制程序。但是，没有人能凭自己的才能一下子完成它。这是一个战略目标，而不是一项个人技能提升的任务。其次，你要多关注自主的训练。即，这项任务是由你制定的，并且可以自主进行，因为它完全代表了你的兴趣和喜好。后者往往可以激活并持续开发我们的天赋。

6.“强刺激”并不是一个最好的方法。

很多心理学类的实验都表明：当你“刺激”别人做什么事的时候，反倒不容易做好。相比精神刺激来说，物质奖励和惩罚等外部的刺激会扼杀一个人真正的“内在动机”。他对于这个问题不是发自内心的兴趣，而是基于对刺激的反馈。除了别人，当你向自己分配任务时仍然会出现这种现象。

有些人希望运用针对性的“强刺激”让自己更有力地投入到高强度的任务中，或能坚持更长的时间，可结果适得其反——他会更讨厌这件事情，即便拥有某些过人的天赋。例如，当你对自己强调说：“我应该好好对待这项工作了，因为这是我现在最重要的事。如果我做好了，会带来很大的回报。”可之后，你往往就会感到它突然变成了世界上最困难的事情，并觉得另一件事才是最简单的。

因此我的建议是，认真地对待一个问题时应该采取“随心”的态度。确认是喜欢的，就投入全部的精力，这样才能获得最高的效率，进而让问题得以改善。

7.提高“改善率”的真正秘密在于“让一件事变得富有意义”。

为什么我们花费了大量时间来制订和完善计划，却总是半途而废？给自己布置任务看起来是很诱人和让人兴奋的事情，可结果未必就是好的。比如你对自己说：“我要跑完1千米才回家观看球赛。”事实会是，当你跑到200米时，跑步已经成为一种痛苦的折磨，完全没有效率，因为你的心神早已飞回家中的那台电视机上面。

困难的工作听起来不会令人感到愉悦，但这可能就是最能让你感到高兴的事。也就是说，一件事情的难易程度不是问题，对你而言是否具有意义才是最关键的。一个困难的练习和挑战不但能让我们集中全部注意力，而且当

你完成它的时候自己能够感到富有成就感。两者结合起来，就代表了我们提升自己的效率。所以，提高“改善率”的真正秘密不是说服自己必须完成它，而是说服自己这件事确实“非常有意思”。如果做一件事对你没有意思的话，相关的训练就是毫无价值的。

8. 聆听你自己的天赋。

天才的一个擅长之处在于他们懂得“聆听自己”，可以听到自己内心的声音，听到天赋在对他说些什么。一个人如果总能做他喜欢、同时又极有潜质的工作，刻意训练的威力就可以得到百倍的放大。

这看起来很容易，但是社会上的一些观念正在把我们向相反的方向引导——人们总说：“不要关心兴趣，要跟随社会的需要。”正是这种观念让普通人越来越功利，不再聆听自己。这也是人们既羡慕天才，又难以成为天才的一个原因。要想让自己的生活和事业变得更加有效率，你需要做的就是转过头来“聆听自己”，然后写出你的答案。

第四章

重复训练：凡人到天才是一段艰苦与孤独的旅程

——你承受枯燥的能力有多强，未来的成就便有多大

一、天才的“完美创意”，源于驴子拉磨一样日复一日地重复

（和长时间的汗水相比，最初的天赋是微不足道的）

作为“疯狂英语”的创办人，李阳说过一句话：**“天才源于重复次数最多的人。”**一个完美创意能说明什么呢？它只是告诉你这是一个好点子，是一粒有机会长成参天大树的种子。仅是有机会而已。如果想让创意完全成长起来，你需要长时间地付出汗水，像驴子拉磨一样地重复下去。

我在曼哈顿工作时认识了一些学习动漫设计的年轻人。他们放弃热爱的专业，跑到华尔街找工作，理由是动漫设计太枯燥了，不是想象的那么美好。他们向往华尔街的热闹，觉得这里让人心跳加快，是充满刺激的生活。

也就是说，这些人承受不了长期的忍耐和寂寞，不愿意经历那个量变到质变的过程。可实际上，不管你是从事动漫还是金融交易，基础知识的积淀、无数次的重复训练，都是必须经历的阶段。你要反复锤炼自己的技能。在任何一个行业都是如此，天才般的创意本身就是来自于质变，是我们的思维在创造中对过去的积累做出的回应。

有一个练习英语的人，23 岁时才“真正”地接触英语。从小学到大学，他对于英语的态度用两个字可以概括——无视。他说：“在我的印象中，英语学了没什么用途，我又不出国，也不准备去外企工作，学英语干什么？”但大学毕业以后，现实的变化让他猝不及防。尽管他没有出国的想法和去外企的职业规划，可毫无疑问的是，来中国的外国人越来越多了。尤其对他来说，工作地上海是一个国际化的大都市，工作和生活都要求学会英语。

于是，这个人遇到了难题，终于开始正视从未认真学过的英语。他是一个富有语言天赋的人，但这时他发现天赋距离目标尚有非常远的路程。他制

订了一份疯狂的计划，比李阳推荐的课程还要魔鬼百倍。

比如：

同一个单词，每天要背诵至少 1000 遍，吃饭和上厕所时都在背诵。

用一周时间读了 200 遍同一篇英语文章，乃至倒背如流。

对着镜子反复说一些常用问候语，练习口语发音。

这个过程持续了 3 个月，为此他放弃了所有的娱乐活动——健身、踢球、看电视剧、朋友聚会等，下班就回家把自己关在一个小房间中。用他自己的话说："那段时间我人不人，鬼不鬼，脑子里全是英语！"

他用几个月就成为英语高手，但他没有感谢运气，也没有因自己的语言天赋而自豪。在奇迹出现的时刻，他想到的是一句话："如果你不能承受枯燥而重复的训练，将平庸一生。"

一个人、一种技能在质变之前，有相当长的一段时间都在量变。也就是说，我们的基础训练重复的次数会相当多，多到你无法承受，产生强烈的逃离的想法。但对最后的成功而言，你是终将蜕变为天才，还是回到原地做你的凡人，都在此一举。在很多场合，我都希望人们一定不要放弃基础的积累，不要轻视简单和重复的训练。没有这些步骤，我们就不可能把完美的创意变成可行的现实。

（重复永远是最有力度的技巧）

对一个行业中的优秀人才而言，他身上应该具备的基本素质都有哪些呢？

第一，创意素质。现在我们生活在一个多媒体或者叫作互联网的时代，如果你单纯地依靠传统的技能和天赋，已经不可能适应这个时代的发展，因此一定要有丰富的想象力和创造力。创意素质已成为新一代天才的重要特征，近 20 年来全球涌现出的一批互联网天才就是明证。他们不是强在技术，而是胜在对于技术的创新天赋。

第二，技术素质。为了将美好的创意变成可实现的蓝图，让想法有充足的可行性，技术素质也是必不可少的。比如软件开发、绘画、音乐，乃至普

通的财务人员，都要具备相关的理论知识和技术能力。有了基础的技术素质，原创能力和创意的天赋才能充分得以展现。

为了将这两方面的素质结合并使其效果最大化，我们应该做什么呢？或者说，最有效的方法是什么呢？

达·芬奇的成长就是一个很好的案例。在很小的时候，达·芬奇便非常喜欢画画，于是父亲就把他送到欧洲的艺术中心佛罗伦萨，拜著名画家和雕塑家费罗基俄为师。在这里，他可以学到当时最好的绘画技术。

在上课的第一天，费罗基俄就让达·芬奇画鸡蛋，让他从横着、竖着、正面、反面等各个不同的角度画鸡蛋。总之，没有别的任务。达·芬奇画了一天就厌倦了，很郁闷。但是费罗基俄没有让他停下来的意思，一直让他画鸡蛋，重复了一天又一天。

达·芬奇心想：画鸡蛋有什么技巧呢？我这些天画下来，早就熟记于心，为何还让我画来画去，是不是不想教我真本事？

带着满肚子的困惑，他向费罗基俄提出了疑问。费罗基俄这时回答说："我知道你想成为一个伟大的画家，所以对画鸡蛋不满。但伟大的画家需要有扎实的基本功。画鸡蛋就能锻炼你的基本功啊。你看看，1000个蛋中没有两个蛋是完全一样的。同一个鸡蛋，从不同的角度看它的形态也是不一样的。通过画鸡蛋，可以提高你的观察能力，发现每个鸡蛋之间的微小的差别，就能锻炼你手眼的协调，对于绘画做到得心应手。"

听完老师的解释，达·芬奇觉得很有道理。从此以后，他更加认真地学习画鸡蛋，从重复1000遍，到重复1万遍，努力将各种绘画技巧融入其中，一直学习了三年。渐渐的，他的双手有了感觉，画什么就像什么，心中的创意也能完美地体现在纸上。

这个故事包含了两个方面的启示。一方面是，技术的升华需要漫长的训练和不断的重复，不能浅尝辄止，也不能自以为是。在开展技术训练的时候，只有始终保持一种空杯心态，才能做到厚积薄发。另一方面是，天才的创意不仅停留在我们的大脑和眼界中，还体现在我们对于技术的成熟运用方面。

就像美妙的乐谱需要灵巧的双手才能弹奏出来一样——重复，永远是最有力度和最具效果的开发天赋的手段。

二、最大的考验是感到厌倦的时候

（要具备不甘于现状的意志力，战胜偷懒和逃避的冲动）

对一个人勇气的最大考验不是几次挫折，而是在积累的过程中看不到成功的希望——你能否在进步缓慢的重复训练中始终保持旺盛的斗志？

印象中，我对于专业技能的高强度训练出现在22～25岁的4年“实习生”期间。那时我还没有进入ASTD，正一边打工一边苦读工商管理学位。在任何年纪，学习都是一件枯燥无比的事情，是让人头痛的任务。对20来岁的人尤其如此。年轻人精力旺盛，思维不易集中。刚走出大学校门，正是应该结交异性朋友、享受生活的时段，而我却要把所有的业余时间拿出来研究一个陌生的领域，和一堆枯燥的理论、数据、经济规律打交道。

这是一个痛苦的任务，就像一次“铁人三项”。翻着不同版本的教材，看着世界各国工商领域的案例，盯着那些不同年代的数字变化和不同门派的管理思路，意志力遭受着连续的考验。有时候，我的心里会突然冒出一种厌倦的情绪，觉得自己很累：“这么虐待自己是图什么呢？非要跻身上流社会吗？做点轻松的事情不好吗？”人总有这种想法，只想放纵自己一次，希望能痛痛快快、随心所欲地生活，不去追求任何过高的目标。

但是假如我放弃，选择一种偷懒的人生，会发生什么后果呢？

1.首先出现的是一个最严重的后果：我来美国的目标完全不能实现了。我来这里不是为了刷盘子，是想出人头地，干点自己擅长而且能做出成绩的事。

2. 如果我连最喜欢、擅长的领域都不能坚持下去，即便灰溜溜地跑回中国，我也会是一个失败者。

在意志力即将崩塌时，及时的反思让我成熟起来。就像我们要正视天才的成功原理——天赋是一方面，重复训练的意志力则是另一个更重要的方面。这个世界比拼的不仅是天赋，还有强大的精神和马拉松式的韧性。一个人承受枯燥生活和重复训练的能力大小，在这场漫长的竞赛中会起到决定性的作用。

有一家心理学机构的调查显示，超过 70% 的人输给了根深蒂固的惰性心理，而不是他们的对手有多么优秀。惰性心理无处不在，它让我们停留在知道应该做点建设性的事情但从不坚持到底的认知状态。它在怂恿我们慢慢来的同时，又给我们带来无穷无尽的羞耻感。就像你论文写了一半便回屋睡觉，一边钻进被窝一边叹气一样。

惰性心理与我们玩的是一个相当恶劣的把戏，因为羞耻感让人沮丧，这又进一步加剧了惰性。它潜藏在意识深层，对付的是我们自己的心灵。它对于我们的天赋心知肚明，更致命的是它深知你的弱点，像父母对付自己的孩子。和潜意识一样，惰性心理也有两面性。它并非总是知道什么对自己最有益。这时我们的职责就是调整心态，让它为你的训练目标让路——让惰性心理释放到其他领域，让自己走上正确的道路。

就是说，在对付惰性心理方面，我们也需要重复的训练，运用针对性的步骤加强对它的抑制和疏导，让它别再成为自己奋发向上的拦路虎。

比如："我该去练舞房了，我要练习舞蹈。"你会这样对自己说，而你的心灵对此的回答是："不必了，我们这样就挺好的，没必要再进一步。我们一起听听歌、睡个懒觉不好吗？"

你说："不行，我要成为最优秀的舞蹈家。"你的心灵回答说："练舞房这么远，从家走过去至少 30 分钟。而且，老师要求严格，动作做不标准就挨骂，一练就是几小时，连晚饭也不管。你真的要花时间去跳那些怪怪的舞蹈？我们应该就这样躺在沙发上，想想别的项目，比如看本书什么的。”

在你犹豫不决时，意志力的消退如同泄洪之水，瞬间的懒惰便可能让你中止一个宏大的计划。从此你与舞蹈无缘了。坚持从来都不是问题，问题是人们对待厌倦的反应不同。有人意志坚定，不厌其烦地重复训练——他们对未来有美好的期待，有强大的信仰。有人意志薄弱，始终寻找放弃的借口，只要气氛合适，一点点心理的波动就使其前功尽弃——他们多数是因为对这件事的前景并不明确，认识不到自己所做事情的价值。

（在厌倦时人们倾向于争论，还是沉默地坚持？）

著名的天才足球运动员罗纳尔多曾经回忆说，少年时代和小伙伴一起踢街头足球。当小伙伴还在争论不休，这么踢球是否容易受伤时，他始终在沉默地坚持训练，没有时间思考这些问题。“我也有过担忧，觉得天天这么踢野球，没有球探关注，未来是否有希望呢？但这种想法仅存在于一瞬间。幸运的是我仍然努力踢下去。”几年后，他成了国际巨星。那些曾一起踢过球又退出的伙伴则成了普通的警察、公交司机和满身油烟的厨师。

为了战胜厌倦，我们要采取有效的措施。与书本不同的是，现实中人们很容易被吸引到与潜意识的争论上来。这种正反两派的争论引发的是我们对于一个目标的自我怀疑：

“这件事还值得我坚持吗？”

“看不到希望，过程又很枯燥，真不知道我是图什么？”

“没人关注，我很孤独，还是算了吧！”

怠惰和羞耻的奇异混合体此时进攻思想的城堡，进驻大脑的指挥大厅，让我们败下阵来。有时内心的争论是有用的，理性占据上风，继续挖掘潜能，更努力地训练。有时却不然，除了快速放弃外，而且会让你感觉到很糟糕，仿佛拥有了一段不堪回首的过去。

对于这个问题，我有一个简单的方法，或者更加“懒惰”的方法，就是不要加入与潜意识的争论，不要给内心的惰性夺门而入的机会。我对一位学生说过："要把抱怨、怀疑和犹豫的一切时间奉献出来，去做有价值的事，让它们没有机会在你的心中泛起浪花。"比如，我认识的某位财经评论员为了写出一篇高质量的分析报道，看完新闻和资料的第一时间就坐到办公室，打开电脑，一刻不停地敲键盘，用了整整一个晚上完成了任务。期间，光是大的改动就有四次，删掉了所有不合乎心意的版本。

早晨，他为自己泡上一杯咖啡："我是如何战胜那种强烈的厌倦和困乏之意的呢？我没有去停下来思考自己为何想放弃，而是在这些想法出现的第一秒钟就挥手抹掉了它们，继续撰写评论。我不会给它们开门，因为我知道后果。"

不要跟意志力开玩笑，不要轻易考验它。财经评论员的做法是一个很有效的经验。当学跳舞的想法（举例来说）让你觉得无法承受的时候——枯燥的训练太苦了，肌肉酸痛，心理疲倦。这时，尝试转移你的注意力，想一点你能轻易办到的事情，这就如同是可以让你迈上大路的一小步。但是不要试图跟内心懒惰的冲动想法交流，也别妄想说服它。我们或许不能阻止懒惰的想法和冲动冒出来，但是是否把注意力放在它们身上，则是完全由你控制的。

（除了"转移注意力"这个笨方法，你还可以做什么？）

保持向前的步骤，始终不要停下来。我们不止是巧妙地转移分散的注意力，你也可以对自己这样说："我并不是必须立马就到练舞房，我只要先穿上运动鞋和准备好跳舞的装备。"一旦你穿上了鞋子，接下来就要拿上今天的训练表，走出房门，向练舞房前进。即使有所怀疑时也别停下来，这是我的忠告。只要你能让身体朝着正确的方向开始移动，一点一滴地做起来，一直到开始训练，进入状态，这种前进的势头就会自然而然地接管下面的工作。在这个过程中，时间仍然被高效地利用了。

假如实在熬不下去，调整一下状态和方法。当然，这是基于你已经发现了自己的天赋并有了一个正确的方向。当你实在熬不下去时（经常出现这种情况），不要为自己不在状态而担心，更不要强烈地怀疑坚持训练和工作的必要性，状态会慢慢找到的。你最应该做的是调整一下当前的状态——适当的休息和更换一些步骤、方法。不知不觉中，你会发现自己已经在孤寂的坚持中迈出了一大步。

三、每天提升一点点，实现量变到质变

（享受不断进步的乐趣，对抗重复训练的枯燥）

“从量变到质变是一种什么样的体验？”这也是一个有趣的问题，因为并非很多人都能够成功地拥有这个过程。长期坚持一个目标和高强度的努力对生活中 80% 的人来说都是一个地狱级的任务。

比如：你能不依靠任何老师、学校，自己凭借一张字根表在 30 天内练熟五笔打字法吗?

当我这样提问时，1000 名受访者中有 932 人明确地告诉我：不能。不是没有做不到的可能，是他们不愿意这么做，对于经历这么枯燥而难熬的过程充满抵触。那么就是说，从量变到质变的艰辛历程是人们从心理层面感到畏惧的——多数人只想要一个最后的结果。

在我们的成长中，也许你在高二时努力了将近半年才等来成绩的大幅度提升，围着操场跑了 250 天才将自己 800 米赛跑的成绩提高了一点点。也许你在大学时编程学得很费劲，一直半懂不懂的，但坚持读书和实践，直到 30 岁时才突然开窍，成了优秀的编程人员。在某个阶段，你感到自己对某一领域豁然开朗，思维像打开了一个虫洞，跳升到了更高的层级，从一无所知到无所不能。这是因为你过去漫长的积累在今天得到了突破，实现了质变。

还有一些事例可以证明重复训练对于“量变到质变”的决定性而又潜移默化的影响：我们初始接触和练习音乐时，对一支曲子没觉得有多好，几个月后又突然体会到其中很独特的味道；我们刚学习写作时总是惆怅于胸中千

言笔下无一物，艰难地练习一年后忽然便能洋洋洒洒地写下长篇大论；我们在20年前读一本书时感觉如喝白水，20年后再读却又生出特别深刻的感悟。

真正的进步是由时间推动的。如果不经历足够的时间，并利用好每一天的时间碎片，长期地积累和沉淀，便很难从枯燥的重复中汲取丰富的营养，也等不到质变的那一天。

（重复训练，每天收获一点点）

赵鹏是一位在上海某互联网公司工作的代码天才，现在拿着80万人民币的年薪。不过在两年前，他还是一个月收入不足1万的普通程序员。“我对编程有一种恋人般的感觉，深信这就是我的未来，是我的人生。”赵鹏说，“我知道必须有一个沉默和努力的阶段，才能突破瓶颈，跃升到上一个层次。”

他就是那种制定了目标便明白如何实现的人，并愿意为之付出代价。比如，每天晚上下班后他都拿出4个小时进行专项的重复训练，留在公司加班，多数时候都是一个人在办公室埋首苦练。

有时朋友给他打电话：“喂，出来喝酒吧？”

“不去！”

“在干什么？”

“加班！”

偶尔的加班人们可以理解，问题是每天（包括周末和假期）都加班到深夜11点，独自一个人回家。更何况，他加班的理由也让人感到荒唐——提升写代码的能力而不是处理公司的重大项目，后者有经济回报的诱惑，前者很可能什么都创造不了。所以，赵鹏在嘲笑声中坚持了两年。直到有一天，他突然就成了公司的大数据工程师，年薪暴涨。人们这才发现——原来老板挖掘出来的天才是这么修炼出来的！

每天收获一点点，最后实现质变。说难很难，说容易其实也容易，其中最为关键与核心的一点，就是你要有坚持的毅力与韧性。你要制订一个计划，“强迫”自己每天都要做一些有意义的事而不是无所事事地度过这一天——看电视、逛街或打游戏（这是人们普遍的状态）；你要让每天都有点滴的收获，并将之作为生活和工作中的一个阶段目标。如果这一天没有收获，哪怕一丁点的小进步，就睡不着觉，吃不下饭，就会感到日子空虚，人生无味，并对这一天的平庸非常失望。这是坚持下去的动力，也是我对每个欲开发自身天赋的人的建议。

只有你拥有了足够的耐力与韧性，重复训练才能成为一个可行的、乐观的方法。那些成功的天才之所以能够成功，而非沦落为普通人，往往并非比我们更聪明、更有智慧，更多的是他们比普通人拥有更坚强的韧性与不服输的勇气。他们利用好每一天，想方设法地朝着目标不停地前行，深知每一天微小的进步，都是为未来的质变铺下一个重要的必不可少的台阶。

1. 天才的成功源于“绳锯木断，滴水石穿”。只要你每天都有收获与进步，你就能让自己的才华实现正增长。没有你实现不了的梦想，也没有你干不成的事业。

2. 知识的收获和蜕变来自于一点一滴的积累。再伟大的天才也需要时间来积蓄能量。如果你半途而废，浅尝辄止，最终就会从被人看好的天才掉回普通人的行列。

（必须有充足的耐心着眼于未来）

关于耐心的忠告并不总是有效，人类最缺的不是天赋，而是耐心。也许我们有足够的耐心等待心仪的女孩答应自己的求婚，却在工作方面缺乏最基本的意志力。这是一种普遍的情况，广泛地发生在20～30岁的人群中。他们能拿出数月的时间陪伴初恋女友，研究女人的性情，设计投其所好的计划，但对自己某方面的工作技能却没有这种热情。

我对耐心的解释是——当你突然有一天对人生的追求、生命的价值和生活的意义有了彻底的感悟，对于每天点点滴滴的收获有了清晰的认知和感恩之情，你就具备了强大的耐心和毅力。

进步来自于一点点的收获，或者是解决了上司交办的一个问题，或者是完成了工作中的一项基本任务，或者是坚持多跑了100米，或者是比昨天的训练时间又增加了10分钟，学会了一个原先不懂的动作，理解了一行过去感觉陌生的代码。

总之，我们每天都或多或少，或大或小，或有形或无形，或物质或精神，或意料之外或意料之内地坚持着对于正确方向的重复训练，不降低对自己的要求，每一天都会充实而且具有成就感。在一段时间过后，你就会感觉自己来到了质变的临界点。

四、拥有强大的自律，才能梦想成真

（懂得约束自己，是成为天才的必要条件）

在很多时候，天才往往是“高度不自律”的代表。提到音乐天才，你就想到酗酒；提到体育天才，你就想到放纵的夜生活。有许多运动健将都毁于生活的不自律，比如巴西足球天才小罗纳尔多，在自己30岁以后沉迷于场外的灯红酒绿，运动状态迅速下降。和那些35岁仍在顶级球队、保持良好状态的运动员比起来，他是天才不自律的典型。

我年轻时，曾经经历了一次重大的职业考试失败。在那之后，我逃避思考，一度非常迷茫，整个人都下意识地躲避一切复杂的东西，行尸走肉一般，对待生活和工作失去了信心和热情。具体表现在，大部分的工作时间用来发呆，所有的业余时间都花在喝酒与睡觉上。我的朋友、华尔街著名的股票分析师爱德华对这种经历深有体会。他说：

“股灾过后，我操作了几项大手笔的交易，为客户赚了一大笔钱。人们夸我是天才，而我也深以为然。从那以后，我对于行情不那么认真关注了，用在娱乐上的时间越来越多。突然有一天，股票暴跌，我对客户却没有丝毫预警。客户纷纷把钱提走，我感觉那一刻是上帝的宣判，告诉我是多么的愚蠢。这就是不自律让人付出的代价，无论你有多么优秀！”

在今天，想混日子简直太简单了。你只要有份收入稳定的工作，就能得过且过，没有必要拼命参加激烈的竞争。安逸的状态会持续一段时间，但是危险将不期而至，带来的损失是不可逆的。

当我开始享受不自律的生活时，所有的方面都变得更加糟糕。这样的生活并没有带给我快乐。我扔下教材和工作，面无表情地看完一部部电影，在舒适区就地躺下，这给我带来了极大的安全感。但是你知道——这样的生活没人会开心。我们不能接受平庸的自己，也在放纵的状态中感到无比的痛苦。因此我开始寻求改变，制订严谨的计划，努力让生活重回正轨。

约束自己是一件让人不适的事情。在我的计划里，光“早起”这一项就用了很久来完成。我把时间从早晨 6 点安排到晚上 9 点，排满了任务。从研习教材到训练答题，分秒必争无一遗漏。结果，第一个星期没有一天能够如约起床，甚至连闹钟的响声都听不见。第二个星期，我终于在 6 点起床了，结果由于睡眠不足，一天都浑浑噩噩。脑子里面有两个小人在说话。一个小人说：“我们再睡一会吧。”另一个小人说：“好呀好呀，反正天不会塌下来。”

在这之后，更大的缺点和更多的问题显现出来。我是一个追求完美的人，对自己的天分有高度的自信，并认为一定能做好。这导致一点点的缺陷就让我产生“破罐子破摔”的心态。于是，第一份自律计划宣告失败——

每一份计划的失败都可能创造一次恶性循环。你会刻意不去关注外界的信息，对新鲜的东西不感兴趣，连朋友聚会和职业培训的活动都懒得参加。你也会变得越来越软弱。由此产生的一系列恶果将一项接一项地向你砸来。如果不踩下刹车，你会错过一个又一个改变现状的可能性。

对于有才华而且富有雄心的人来说，高度不自律的体验是痛苦，是一种自我辜负的心酸和失望。但是，假如你是一个意图有所作为的人，真的就只能这样平庸下去吗？“不行，我不要！”我对自己说，然后开始重新制订计划，一项一项地分析优势和劣势，安排针对性的训练。这才有了后来高度自律的体验，度过了那一关。

在枯燥的重复训练中，一开始是很难熬的。90% 以上的人都倒在刚开始的时候。即使你是天才，想翻过山岭也得对自己抽筋扒皮。当我苦大仇深地咬牙完成了半个月的计划，一切终于变得没有那么难了。我感到非常满足，因为我战胜了那个好逸恶劳的、丑陋的自己，日子开始变得充实而有趣，并且越来越自信。

拥有强大的自律以后，你会越来越喜欢迎接挑战，享受一个个问题解决之后的幸福感。你看着进步慢慢在发生，并且收获到自己想要的东西。最后，你有一种放空的体验——天赋得以释放，才华得以成长，人生价值观得以实现。这证明你有能力获得自己想要的东西，进而开启一个积极循环的轨道。

对我而言，高度自律是因为内心有强烈的驱动力，并且深刻地知道不自律的后果。正是因为之前痛苦的体验，才能让我在每次要坚持不下去时，都能因为畏惧和痛恨那样的体验而咬牙坚持。所以，**对于有雄心壮志的人来说，痛苦是一种宝贵的财富。**

（节制欲望——哪怕是花 5 分钟抽支烟）

在欲望的节制方面，我们总是旁观者清，当局者迷：规劝别人容易，自己却很难做到。一个真正想要做出一番成绩的人必须努力在扮演的各种角色中取得平衡，有所为，有所不为，能够节制欲望，严于自律。

为了成功地坚持重复训练，我们需要“断舍离”：

必须与某些不切实际或者负面的欲望一刀两断，舍弃那些过分的以及无法实现的目标，远离身边的各种诱惑。

美国篮球巨星乔丹说："真正的自律是对于欲望的自律，当你拥有上帝赐予的天赋时，可能还不是庆祝的时候。如果你不能做一名自律的球员，就将在运动场上得到惩罚。"乔丹是篮球天才，创下了后人无可比拟的伟大成绩，但他的自律也是出了名的。要论对自己下手有多狠，乔丹如果自认排第二，那么其他篮球巨星没人敢排第一。即便到了 30 岁时，乔丹仍然在寻找更加科学高效的训练师来帮助自己提升水平。同时，他会花费一切必要的时间在技术、体能和心理训练上。

我们不是乔丹，没有他那样的伟大天赋，也可能终生取得不了他那样的成就和对世界的影响力，但在自律这方面，每个人都是平等的，站在同一条起跑线上。比如，准备学习、工作时突然想抽一支烟。哪怕只需 5 分钟，你愿意把这 300 秒钟浪费在一支烟上吗？这是生活中很小的欲望，也是"微不足道"的环节，多少人对此并不在意呢？如果我们每天能减少 5 分钟抽烟的时间，一年能节省多长时间放在重要的事项上呢？显然，最后的数字会令你大吃一惊——1825 分钟！足足有 30.5 个小时。

从这些细小的环节做起，能够逐步提升我们控制欲望、集中注意力的能力。我们需要在认真思考的基础上，主动放弃过分的、不切实际的、不合理的各种欲望，即使是短期的偏离，也能从中及时醒悟过来，回到正途。只要做到了专注和忍耐枯燥，做事的效率就会非常的高；只要心无杂念，训练的成果也能成倍放大，远比那些意乱神迷、胡思乱想的人更有收获，就算他们拥有的时间比你多数倍，也比不过你的成长速度。

这一切的奥妙在于你更自律，聚焦能力更强，因此成果会比具有同样能力但是精力分散的人大很多。这是一个再简单不过的道理——你专注地做 1 件事情，每天做 8 小时，他做 10 件事情，每天工作 14 小时。看起来他的时间更长，但在能力差不多的前提下，谁能够做到出类拔萃？结果是明摆着的，高度自律的人往往占有优势。

（别计划坚持多长时间，要计划完成多少成果）

自律并不意味着所有时间都拿来学习和提升，它意味着我们必须谨慎地管理时间，注重训练和实践的效率。别过于看重时间的长短，要主动减轻心理负担，更大程度地实现效率的提升。

不要用时间的长短去要求自己，要用任务的数量和完成的效率作为衡量的标准。

我的一位下属主管市场调查工作。他是市场分析的高手，对于各行各业的资讯、趋势变化有着天然的敏感和犀利的洞察力，同时他还非常努力。有一段时期，他的工作效率并不高，工作中的成长速度也比较缓慢，甚至犯下很多错误。观察了几天后，我就找他谈话，了解情况。

“我知道近期公司的项目太多，你很累，但是告诉我你是怎么处理的？”

“时间太匆忙了，我只能从早到晚不停歇地埋头工作。有时我根本分不清楚自己在做什么，简直忙得焦头烂额。忙到最后我发现自己也没什么进步。”

听到这里我明白了，告诉他说，对于每一天的任务不要急着投入时间，在开始前先分析情况，看看哪件工作是自己需要重点处理的，哪种能力是自己要集中修习提升的，哪个问题是迫在眉睫必须立刻解决的，接着规划好流程，对时间高效利用。

第一，当天的任务都要尽量做到当天完成。不管难易程度和其他突发事件，不要给自己找完不成任务的理由和借口。

第二，对于困难的事情，硬着头皮也要做完它。对于简单的事情，保证质量，不要想着一天做完两天的工作，不要试图今天做完明天就休息。

第三，当紧要事项做完后，再去解决之前做的不完美的任务，琢磨如何将之完善。

根据这三项原则展开我们的学习和工作，意志力的问题就可以迎刃而解，至少坚持下去的难度被稀释了。简而言之，把握状态的起伏——在状态好时，尽量做到完美，坚持更长的时间；在状态不好时，尽量做到完整，提高时间的利用效率，别重复做无用功。这样贯彻下去，就可以有效提升自己学习和工作的产出率。

自我满足≠高效的努力，不要试图自我感动。和结果比起来，这没有任何意义。这里需要特别指出的是：有的人一方面缺乏自律，另一方面又在某一时段投入大量的时间临阵磨枪。例如连续加班奋战几十个小时，狂补欠课，在头昏眼花之际为自己的努力而感动："我已经尽力了。"这么做除了兴奋剂式的自我满足外，往往不会有什么收获。不管是提升技能还是对待工作，在自律的基础上要追求结果和效率，因为结果才是衡量一切的标准。

定期检查和维护自律的水平，及时解决各类问题。我建议在周末的晚上为过去的一周做一次总结，这就如同很多公司召开例会一样重要。在刚过去的这 7 天中，我们的自律水平如何，有没有波动，完成了哪些任务，出现了哪些问题？拿出 30～60 分钟做这件事情，并确定下周的计划和对自己的要求。在总结时，格外注意那些最影响意志力的因素　　对于自己的生活来说，哪些诱惑占据的比例最大？把它们总结出来，然后重点解决。

测试　如何提高你的“意志力指数”

【4个简单的步骤】

1. 处理一个棘手问题时，在下述三个选项中，标出你经常选择的办法：

A. 坚持处理完；

B. 努力处理，太难就放弃；

C. 一看很难，直接放弃。

2. 你能长时间做一件枯燥无比但非常重要的工作吗？

A. 完全没问题；

B. 不确定；

C. 完全做不到。

3. 凡事你喜欢自己拿主意，还是经常听一听其他人的建议？

A. 一旦做了决定就坚持己见；

B. 我会综合考虑；

C. 我经常因别人的意见否定自己。

4. 你是否经常心血来潮，临时改变计划去做其他事情，并坚信那是更重要的？

A. 从来不会；　B. 偶尔会这样；　C. 经常这样。

◆意志力是成功的重要品质之一，那些取得成功的天才人物大多拥有坚韧的意志力和强大的自律。在本章的4个测试题中，每道题的答案A和答案C呈现出两种完全不同的意志力指数——“坚持不懈”和“半途而废”，哪一种情况更符合你的行为模式呢？为了能在枯燥的重复训练中取得成果，意志力是我们必须提升的一项能力。

章总结：运用重复训练

“天才就是重复最多的人，简单做到极致就是绝招。”“一万小时”理论的创造者格拉德威尔将所有人的成功都归之于此，他认为任何领域中成功的关键都与天赋无关，要的只是实践——长时间的实践，比如十年如一日的重复训练。

第一：野心加上恒心，凡人也能成为天才。

如果我们要看一个人的现在，就看看他过去十年都做了些什么，特别是执着地做了什么。野心和恒心的结合，就是凡人向天才过渡的一双翅膀。如果每天用 3 小时重复训练，成为天才可能需要 10 年；如果每天只用一个半小时，成为天才可能需要 20 年；如果每天只有一小时，成为天才可能就需要 30 年。

第二：重复训练的方法尤为重要。

方法错了，努力就会产生负收益。我们知道，一个伟大的教练可以迅速提高一个国家或一个俱乐部的运动员的水平，是因为他的方法科学得当，激发出了每个人的潜能，开发出了他们的天赋，并非完全取决于教练个人的人格魅力。正确的重复训练需要思想高度集中，一定要聚焦思想的能量，反复地重复。这是唯一的通道，没有别的捷径。

第三：多做单独的练习，而不是一群人同时参加。

科学家们曾经调查研究了一个音乐学院。他们把这里的所有小提琴学生分为好（将来主要是做音乐教师），更好，和最好（将来做演奏家）三个组。这三个组的学生在很多方面都相同，比如都是从 8 岁左右开始练习，甚至现在每周的总的音乐相关活动（上课，学习，练习）时间也相同，都是 51 个小时。

研究人员发现，所有学生都了解一个道理：真正决定你水平的不是全班一起上的音乐课，而是单独练习：

1. 最好的两个组学生平均每周有 24 小时的单独练习，而第三个组只有 9 小时。

2. 他们都认为单独练习是最困难也是最不好玩的活动。

3. 最好的两个组的学生利用上午的晚些时候和下午的早些时候单独练习，这时候他们还很清醒；而第三个组利用下午的晚些时候单独练习，这时候他们已经很困了。

4. 最好的两个组不仅仅练得多，而且睡眠也多。他们午睡也多。

那么，是什么因素区分了前两个组呢？是学生的历史练习总时间。到 18 岁，最好的组中，学会平均总共练习了 7410 小时，而第二组是 5301 小时，第三组 3420 小时。第二组的人现在跟最好的组一样努力，可是已经晚了。可见要想成为世界级高手，一定要尽早投入训练，这就是为什么天才音乐家都是从很小的时候就开始苦练了。

就是说，决定你未来水平的，并非是你和什么人一起训练，而是你自己独处时的练习是否起到了效果。单独练习是孤独的，但也是最考验人的潜力和耐力的。

第四：精神要高度集中。

重复训练需要高度集中的精神，它也没有“寓教于乐”这个概念——我们休想在重复训练中享受一个舒适的过程。很多人都崇拜梅西、C 罗这样的足坛巨星，却很少有人愿意去体验和能够完成他们的训练强度，因为实在太苦了，现代人普遍无法对此集中精神、全身心地投入进去。

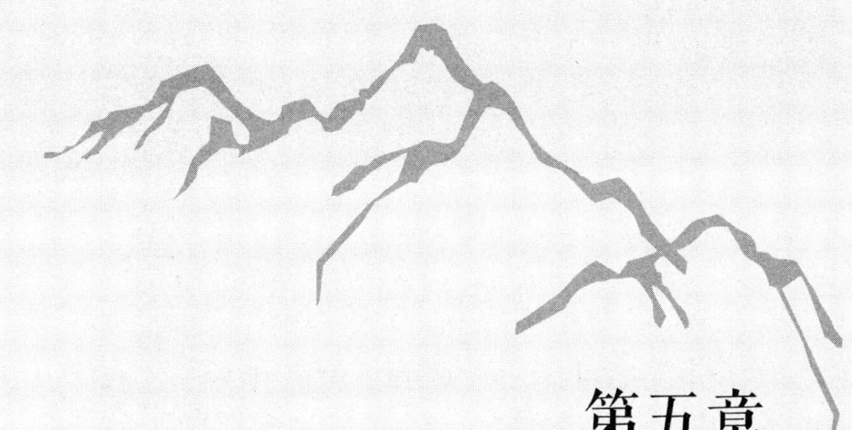

第五章

把自己逼到绝境，挖掘更深的潜能

——不能杀死你的，都会让你变得更强

一、普通人受不了的苦，正是天才过去经历的

（从凡人到天才，你所拥有的最可靠的资本是“高强度的付出”）

我们知道，朗朗是钢琴天才，年纪轻轻就成了音乐大师，去世界各地演出，迎接他的都是鲜花掌声。但他小时候是一个非常懂事而且能吃苦的孩子。为了学好钢琴，他很少出去玩，而是努力练琴，牺牲了许多的游玩时光。在老师的眼中，朗朗也是一个“很笨”的孩子，至少不是人们想象的那样——“他小时候一定早早展示出了自己的天赋。”当时，很多教过他的老师都劝朗朗的父亲：

“别让这个孩子学习钢琴了，他肯定学不好。”

如果一个老师对你做出这样的评语，你会怎么想呢？一定觉得自己没有希望练好钢琴，因为老师的判断往往是对的。但朗朗没有放弃，他的父亲也坚持让他练琴。经历了很多的波折，经历了高强度的训练，朗朗体内的音乐才能终于淋漓尽致地释放出来，才让世界在今天拥有了一位钢琴大师。

朗朗的故事说明，除了体育等对身体有着特殊要求的行业，大部分行业中的人只要使用正确的训练方法以及长时间的积累，都有机会成为行业的顶尖人才。问题是，你要看清自己拥有的资本是什么——不是天赋，是比别人更艰辛的付出，是把自己逼到绝境、逆水行舟然后涅槃重生的精神。没有这种精神，再好的天赋也难成正果！

（但凡不能杀死你的，都会使你更强大）

在北京，我到朋友的公司参观，进入他的办公室，迎面看到一个牌匾挂在墙上，上面写了一句话：“但凡不能杀死你的，都会使你更强大！”朋友的才华业内有名，曾有“鬼才”的绰号。但是前几年，他的事业并不顺

利，做坏了许多项目，也欠了一屁股债。原因是他恃才傲物，放松了对自己的要求。

“我差点成为伤仲永的现代典型。”他说，“仗着自己有些才华，就疏忽了学习，吃老本，以为事事都尽在掌握。也就是一两年间，我突然发现自己跟不上世界了，身边的对手越来越强，逐渐超越了我。有些人在之前是我瞧不上的，现在却一个个做得有声有色。他们成长很快，而我却在原地踏步。”

因为放纵自己，他沉迷于酒色，以至于陷入了绝境。有一天，朋友幡然醒悟，经过拼命地努力和追赶，终于挽救了事业。然后，他把这句话挂在了办公室，时刻警醒自己，不要再犯下类似的错误。

为了获得极限的成长，我们有时需要将自己逼到一个无路可退的绝境。背后是悬崖，只有向前，激发潜能来自救，除此之外别无他途。许多伟大的发明都是在这种状态中被创造出来的。当你退无可退时，体内所具有的那些天赋和潜能才能最大限度地激活和释放出来，迸发出惊人的力量。

“权力意志”是德国哲学家尼采最重要的思想之一。它帮助人的生命寻找一个目标，以替代原本的“无意义”。一言以蔽之，就是建立一种令自己变得更强的意志。有了这种意志，我们不害怕绝境，不逃避挑战，愿意经受最残酷的困境，能够吃下最无法想象的苦，来换取质的蜕变。因为人活着的全部意义，就是不断地超越自己和超越别人，让自己变得更强以至最强。

在人和人的竞争中，事实就是这样的。只要活着一天，我们就要战斗一天；只要战斗一天，我们就能不断地强大。通过压迫自己的潜能，来提升人生的高度，并转化为解决实际问题的能力。

（问题是：你能坚持多久？）

德国足坛名帅菲利克斯·马加特以“魔鬼教练”著称。他擅长把球员踹进火坑，看看谁能自己爬出来，然后给予信任。他的拿手好戏就是高强度的体能训练。他不管去哪支球队，都能让球员经历一场地狱般的考验。

2000年赛季，马加特临危上阵，挽救了几乎已经铁定降级的法兰克福球队，却在第二年冬天被解雇。当时的挪威射手弗约托夫特后来评价这位铁帅的训练方式时说："我不知道马加特能否拯救泰坦尼克，但如果当时马加特在船上的话，所有的乘客一定都能活着游回南安普顿。"

他最著名的训练法就是"实心球训练法"——让球员抱着一个非常大而且重的实心球，进行各部位肌肉的力量训练。他的大运动量训练方式曾经让不少球员有了各种不良反应：18岁的洛尔海德呕吐不止，拉斐尔因为抽筋长时间躺在地上不能动，西班牙天才射手劳尔也吃过苦头。在马加特看来，越是天才球员，就越要经受这种魔鬼训练才能将自己的足球天分在球场上完全发挥出来。而且，经过严酷的训练，天资一般的球员也能激发出巨大的潜能，和那些天才球员对抗并取得佳绩。

普通人受不了的苦，恰恰是天才过去经历的。只不过你没有亲眼看到，他们也不会主动告诉你。也可以这么说：你受多少苦，并不能决定你有多大的成就。但如果没吃过这么多的苦头，成功的可能性则会大大的降低。

二、保持大脑的兴奋度，把挑战变成爱好

（亢奋地面对挑战，才能激发所有的潜能）

在联想集团的一次晚宴上，柳传志登台演讲，除了感谢来宾，还讲了一番对杨元庆的评价。他说："我尊敬杨元庆，他是敢于高举大旗、迎接困难、不屈不挠、奋勇向前的人。我是喜欢迎接困难的人，一遇到挑战就兴奋，杨元庆更甚于我。他正在领导联想集团的管理层认真分析形势，反复研讨制定中期发展战略。看着他们饱含激情的工作，我对年轻同事们充满了尊敬。我们交给他们的只是一个事业的开头，他们接过的更多的是困难。"

作为引领联想成功完成销售转型的分销天才，杨元庆是一个从不惧怕压力和挑战的人。他评价自己说："我敢于接受挑战，面对困难时只会迎难而上；我不怕压力，对自己充满信心；我做任何事都喜欢轻装上阵，从不瞻前顾后，患得患失。"

杨元庆出任联想电脑公司微机事业部总经理时，当年联想自有品牌电脑实现销售四万多台，跻身中国市场前三甲。他也因此被中国各界誉为"销售奇才"和"科技之星"。这一年的杨元庆只有 29 岁。31 年时，他就成为联想集团副总裁，并将联想打造成为中国销量最高的电脑品牌。

在这个过程中，他遇到的挑战和困境可谓数不胜数。但他的原则是：**面对危难，只要有机会，就一定要最大限度地释放自己的能量！**如果不这么做，你永远无法知道自己能做成什么。所以，他时时刻刻把自己当作挑战的对象，和时间赛跑，也和机遇赛跑。在无人理解时，他埋头努力把事情做到最好，学习电脑发展的新趋势，研究互联网对产品和营销的影响。

人人在成长的过程中都会遇到困境和挑战，面对这种情况你该怎么办呢？我只有一条建议：采取积极的态度，主动将自己逼到绝境，然后尝试跨越它！在问题中磨炼自己的天赋，将我们的潜能全部激发出来。

1. 把每一天当作"全新"的一天。

当你每天早晨睁开眼睛，你就要抛开前一天的负担。昨天过得很糟糕吗，遇到太多坎吗？是否因失败而哭泣，是否因绝望而止步？别再想这些东西，你必须明白一点，问题已经存在了，能做的只有向前，想办法解决。这就是生活，是我们必须经历的阶段，是命运的本质。

一个成功天才和失败天才的区别就在于，前者掉进问题的深井时能够通过每天的反复工作和全身心地投入，维持自己的积极心态和好奇心，提升技能以解决问题；后者却轻言放弃，畏难后退，活在失败的记忆中走不出来。挫折也可以是机遇，失败也可以是教训。这一切都取决于你怎么看待，并决定你能否突破瓶颈。

2. 在沮丧和失望时用“特定词语”激励自己。

高强度的工作和枯燥的训练使我们很容易感到疲倦或沮丧，遇到难关时也经常需要一个人承担责任，扛下问题。这时就会有负面情绪，它们会夺走你赖以维持专注和成功的精力和能量。所以在面对挫折时，务必要采取简单的手段使自己保持乐观。

我的建议是，你可以把自己的目标贴在可以轻易看到的地方，比如床头、书桌、门口、卫生间等，每天都能随时确认你的终点：“哦，这是我必须完成的目标！”并写下特定的词语——加油、努力、再坚持一会等贴在四周，或放在面前，时刻提醒你那些艰辛、孤独努力的意义所在。尤其在感到沮丧和失望时，这个方法能起到维持士气、鼓舞斗志的作用。

3. 和乐观而努力的人在一起，共同影响对方。

假如你发现自己总是被周围的人搞得焦头烂额，或者你往往是房间里那个最聪明的人——只有你自己在解决问题或思考如何渡过难关，那么，你有必要考虑换一个环境。一个人成长的动力源泉之一，正是来自周围那些拥有远大梦想、才智出众、充满激情、努力工作的同事或共同奋斗的至交好友。所以要选择和结交能够促使我们上进、没有思维定式的朋友或伙伴，这样才能营造一个富有积极氛围的圈子，构成良性的正向循环，提高我们面对问题时的信心。

三、要挖掘内在的天赋，就必须对精力进行合理的利用

（正确地分配精力，可以让我们的付出更高效）

人的精力是有上限的，这一点对任何精力旺盛的人都确凿无疑。在对天赋的挖掘中，付出的过程往往十分的漫长，也非常的艰辛。所以，即便你已经准备好做一个“工作狂”，也要正确地分配精力，控制高强度练习和工作的

节奏，让付出的精力能够最为高效的转化为成果。

总的要求就是，要有效地使用我们的精神资源。这些显而易见的道理，越早弄明白越好。事实上，那些成功的天才人物在开发天赋时，都懂得善用精力，帮助自己高效地成长。简而言之，好钢用在刀刃上。

（二八定律）

19 世纪末、20 世纪初的意大利经济学家帕累托总结出了“二八定律”。他认为，在任何事物中，最重要的、起决定性作用的只占其中一小部分，约 20%；其余的 80% 尽管是多数，却是次要的、非决定性因素。

比如从经营来说，公司 80% 的利润来自于 20% 的重要客户，其余 20% 的利润来自 80% 的普通客户；从财富来说，20% 的人群拥有了全世界 80% 的财富，80% 的人群拥有了全世界 20% 的财富；从个人来说，20% 的时间创造了 80% 的价值，80% 的时间创造了 20% 的价值。

对精力的分配也是如此，我们可以把 80% 的精力用到数量较少、重要性最高的 20% 的事项上，余下的 20% 的精力用来处理 80% 的次要事项。在这项技能的训练和知识的学习中尤为重要，运用二八定律能为我们规划一条清晰、简单的路线，将复杂的问题条理化，为充沛的精力设计一个合理有效的出口。只有这样，才有利于我们爆发式的成长。

（把精力用到最见成效的地方）

西雅图的销售天才罗德在刚从事销售行业时，第一个月只赚了 1000 美元。他不满意，感觉赚得比较少。因为他的销售才能是公认的，对市场也有独到的认识。于是，罗德分析了市场与客户数据，改变了销售策略。他发现自己过去在每一个客户身上都用了同样的时间——这是不对的。客户也有消费能力的高低之分，并非每个人都具有同等的购买欲望和相同的购买力。

因此，他把手头上的所有顾客资料重新整理了一次，对他们进行分类。然后他发现，有 80% 的利润都来自于不到 20% 的顾客。所以，他将利润不

高的一些顾客分给了其他业务员去跟进自己只留下那些能带来 80% 利润的顾客。他集中精力去跟进能带来 80% 利润的客户群体。

随后的工作骤然变得轻松了。他一天减少工作 2 个小时，还能腾出时间做市场调查。效益呢？第二个月他赚到了 5 万美元，比上个月增长了 50 倍！两年后，罗德创办了自己的公司，并开设了销售培训班。

他的一句名言是：

“如何开发善用精力的天赋，是一个人今生最重要的工作。如果没有这种能力，很可能让自己的才能沉睡一生。”

在《有效的管理者》一书中，现代管理大师彼得·德鲁克（Peter F. Drucker）指出，人要知道把时间用在什么地方。我们应该十分清楚，自己在一生的几十年中能够掌握支配的时间是很有限的。时间不能随意挥霍，对天才亦是如此。那么，我们必须利用这一点有限的时间进行高效且系统的工作，不论学习、工作还是培训充电。

一个生活和工作高效的人，他懂得把精力集中于少数的主要领域，让最活跃的能量投注于最关键的事项中。在这些领域和事项上，高效的工作将产生杰出的成果，比如成功地开发和挖掘出自己的天赋，迸发出惊人的潜能。

成功者给自己定出优先考虑的重点事项，并且坚持重点优先的原则。因为他们知道，只有先做并且做好首要的事情，次要的事情不做或授权处理，然后才能在自己擅长的领域做出一番成绩。否则，我们很可能怀揣着天赋却一事无成。

（过度投入的坏处）

大学刚毕业时，我有一位朋友喜欢读书。对他而言，读书就是呼吸和进食一般的存在。他在读书方面具有天赋，理解能力强，常有奇思妙想。他在一切可能的时间都在看书，做笔记，后来还开设了一个读书课堂，向别人教授阅读的技巧。

与此同时，与人闲聊、打发时间对他而言却是一件比较困难的事情。如果有一段时间我和他的聊天都毫无主题，思维飞散，他就会不由自主地停下讨论，拿起一本书来开始阅读，讲解与我们的聊天议题毫无关联的事情。而且，他也不太喜欢和人保持太过紧密的日常联系。总的来看，他对于阅读这件事过度投入了，尽管他很有天赋。

很显然，对他而言，阅读是一件毫不费力的事情，甚至在每天长达数小时的专注阅读中，他的精力还在缓慢地增长。但与人的日常交际他就不是很热衷了，甚至可以称之为“社交白痴”。如果去了一个纯交际的场所，他每分每秒都会感觉十分的烦躁。

“过度投入”的做法有可能在短期内会起到奇效，就像打了一针兴奋剂，但长远来看是得不偿失的——你会损失其他方面的收益，并且付出精力透支的代价。强求自己对一件事做到 100% 的投入总是一件吃力不讨好的事情。比如我的这位朋友，他明明是一个外向的人（与亲密的朋友交流时有充足的表达欲望），但是，他非要强求自己沉浸在书中，占据每天全部可用的时间。这些事情在极大地耗费着他的精力，但又没有突出的效果。这使得他的每一天在应付有价值的事物时疲惫不堪，也难以将阅读的成果顺利地转化出来。

所以，在你意识到自己全部的精力都用于同一件事时，必须思考一下如何降低“精力的输出”，否则很可能就会在高强度的练习中迷失自我。

（精力值和耐力也可以通过训练来不断提高）

毫无疑问，在那些让我们感到精力充沛和身心愉快的事情中，有一部分是颇有建设性的，是我们的工作天赋，比如写代码、谱曲、体育项目等；有些则只是单纯的为了娱乐，比如练歌、书法、读书和做家务的才能。而在我们所能够接受的范围以内，还存在着一些对自己颇为有益的任务，通过这些任务来训练自己的精力，以使得自己能在有意义的事情上保持更长的时间，挖掘出那些自己也想象不到的潜能。

例如，我的朋友可以坚持连续的严肃阅读——这是一件颇为有意义的事情——2 个小时或 3 个小时，但每隔 30 分钟后，他就需要休息一小会儿或者看些轻松的东西（休息方式与训练内容应该是匹配的，不能有突兀的反差）。在同一天的时间里，他的阅读上限在 4 个小时左右。当一天中他将这么长的时间全部投入到阅读方面时，也许再看什么他都脑中一片混沌，理解和记忆能力都大为下降。此时，阅读就成了一件徒劳无益、空耗时间的工作。为了保持精力的充沛，我的朋友就得遵守“约定”，在 30 分钟的周期内间隔性地采取放松动作，对耐力进行训练，以不断提高自己的精力值。

尽管阅读这件事并不会明显地耗费人们的精力，但精力值中的确只有不多的一部分可以用在阅读这件事上，或者用于跑步、编程、学习等。怎么训练精力呢？首先是提高精力的上限值，我们不必训练到像那位朋友在阅读方面如呼吸和饮水般自如的程度，但要将这一上限大大地提高，高到自己预料之外的程度。即：我们在处理棘手问题时要对自己爆发出来的精力和持久度感到惊讶。

任何事情都需要特殊的训练，比如，运动员要训练肌肉的记忆，读书者要训练神经突触，精力也需要训练。将做有意义的事情时的精力上限提高，并不仅仅意味着下次再做这件事情的时候能坚持的时间更长，而是意味着即使你只做一个时间段，此一时间段内的效率和产出也会大为的提高。

简单地说，擅长管理精力的人在阅读时用了很少的时间，效率和速度却将远高于我们，这一结论是毫无疑问的。更为重要的是，随着精力值的不断提高和耐力的不断增强，我们在做一件事情时将会变得更为得心应手，并且从中获取之前从未有过的愉悦感。就拿跑步来说，当你一次可以跑 10 公里时，随意跑上个 2 公里只是在享受，而你锻炼的效果却已经达到了。这就是耐力得到训练、精力值得以提高的结果。

当我们做某件事的精力值逐步得到提高后，专注于其中的趣味性也将不断增强，我们做其他的相较之“不重要”的事情的时间也就缩短了。这是一个良性的刺激，会进入一种积极的循环中，而我们的天赋也能得到开发，生活将变得更有意义和更加充实，对于自我的成长产生的帮助也就越大。

普林斯顿大学的斯特西·伯格·戴尔教授说："可能会有人觉得训练精力的这种认知和方法过于功利化，人们普遍追求惬意一点的生活，不想活得太累。但我认为，在这个竞争极其激烈的时代，每个人的综合素质已经变得越来越重要，因此对于自我的提高已经成了每天的必修课。这使得我们有必要为之调整我们的精力，并且付出努力改善自身的状态。同时，既然在坚持一段时间之后那些更有意义的事情也能带给我们快乐，又何乐而不为呢？"

（分配有限的精力）

就像本节开头所说，人的精力终归是有限的。或者说，我们一天的时间终归是有限的，不可能无节制地投入到高强度的重复训练中，所以精力在不同的事情上必然要有所分配。与此同时，不管我们如何努力，天赋是如何之高，生活中必然还是有一些事情牵扯我们的注意力，需要去处理。许多任务违背了我们的兴趣，但仍然需要去做，而且要做好。还有一些任务则属于责任的范畴，我们明知道很损耗精力，但还是很愿意做，比如训练和提升自己照顾孩子的技能。

这时候，精力的分配就是一件重要的事情，它完全可以被当作一门复杂的课程。懂得分配精力也是一种天赋，是一个人取得成功的基本素质之一。

假如你一大早就抢着把那些最乐意做的事情做完了，而把最难完成的事情留到最后——不管这是否有无可替代的意义，那么每天回到家时，你必然感到很疲惫，对其他事项提不起兴趣。加之现在的人们采取错误的方法"放松"自己，比如玩游戏、看电视剧等，延迟了上床休息的时间。周而复始，多数人的生活呈现的实际上是一个下滑的曲线。在重要的领域内，他们的技能是停滞的，无法获得根本性的进步。这是一个有些不幸的事实，是我们身边大部分人的状态——也许他们的内心很孤独，但这种孤独没有"正产出"。

很显然，为了做那些我们需要耗费很大精力去完成的事情——比如擅长的工作——我们需要做充足的准备，为之留出足够的空档，并且在之后对自己进行恢复。在生活中总有很多事情让人感到崩溃，错误的策略将使这些事情最终演变为对我们自己的惩罚。

我的经验是，假如你必须面对那些你必须要做，但又让自己感到痛苦的事情，在做之前首先要鼓足勇气，对有限的精力进行一次分配和调动：

1. 时间和精力如何合理地安排呢？
2. 怎样把专注度提升到较高的水准？

这时（重要练习和工作开始前），我会写一篇日记或其他能让自己感到满足的文字，做一种很有规律、很遵从规则并能让自己从重复性的练习中获得满足的事项，比如书法练习；或者完成一件让我高兴的事情。比如读一段法国作家勒庞的书，然后看看自己的精力指数到达了哪个位置，是否对接下来的工作产生了强烈的欲望？

注意，我们所做的所有事情都要让自己的精力得到有效使用。哪怕一点点分散的时间也不要白白度过，也要认真规划，郑重对待。就像战场上的士兵搜寻散落的枪弹以便集中使用火力一样。因此，此时做娱乐性较强的事情是不行的。在这些事项（热身活动）做完之后，我就开始埋头完成自己之前的计划，重点处理某项工作，并在这其中穿插进行一些不影响计划的小的练习，例如听 5 分钟的音乐，或者去阳台散步等。

等这一事项告一段落时，我会感到疲惫，想彻底休息一会，但现在不是时候。也许这时不到下午 4 点钟。因此，我会进而做一些让自己轻松但又不会让自己懈怠的事项——它同等重要，是我必须进行的练习之一。事实上，这一切都是轻而易举的完成的，而不是刻意或强制性完成的。它基于兴趣和天赋，融入了我们的习惯之中，最终化为一个无比熟悉的过程。用一个词语形容就是：着迷。我们要有着迷的精神。

出身于清华大学、40 岁时成为普林斯顿大学终身讲席教授的生物学天才颜宁说过一句话：**“只要是令你着迷的事情，怎么会觉得苦？”**

我再强调一遍，人和人之间是不同的。这和普通人与天才的区别不一样，它的不同并非来自于天分，而是来自于精力管理的类型和迥异的价值观。与其耗尽精力强迫自己，不如想点办法，针对自己的类型采取恰如其分的策略。

本书的办法可能并不适合你，而你需要从书中汲取教训，然后制定属于你的策略，去挖掘你的潜能。

现实中，有的人是工作狂，有的人——比如我——对于繁重的工作往往燃不起热情——我早就习惯了授权，自己只处理很少一部分的工作。但工作是必须的，提升自身的技能也是必须的。因此应对工作，我不断地寻找新的解决办法，直到我能够随时恢复自己的精力，或者感觉工作不再是那么的痛苦。至少，我能在经历一天的沉重工作后拥有从容和轻松的心境，而不是回到家倒头便睡。

在除了学习和工作以外的其他时间，精力的分配是比吃饭还重要的事项。如果你计划利用每天晚上的时间来充电——看书、看电影、写作——那你就不能让自己回家的时候已经感到难受和疲惫。你可以将这些事情挪到其他时间去做，可以在下班后先做一些让自己兴奋的事情，然后可以通过训练让自己在某些事情上如鱼得水。

无论如何，你总要找到办法让自己每天的生活更加均衡，而不是完成中间的某一个部分之后就做不了别的事情了。就算你拥有极高的天赋，是人所众知的天之骄子，你的精力也是有限的。假如忽视了这一点，你就会付出巨大的代价。

（“保护精力”的四项原则）

我们现在知道，人的精力是如此重要并容易流失的一项无形资产，是能够让我们在漫长的岁月中坚持努力的强大动力，那么保护它则显然是一件重要的事情。与开发精力比起来，保护精力更为迫在眉睫。因为现代社会的节奏更快，强度更高，各种各样的事物和信息散落在各处，处处都在损害着我们的精力。

你关注得越多，精力就越分散。所以对于一个立志于有所成就的普通人而言，在你看到天赋转化为成绩之前，要先学会保护好自己的精力，对其合理使用，并能精细管理。

原则一：避免关注“与己无关”或者没有意义的事情。

现在有太多的人每天把注意力放在与自己完全无关的事情上，以此消磨自己的意志、精力和时间，原因只是因为他们很“无聊”。这是全世界 90% 以上的人群的生活常态，有时工作中也是如此。工作好像成为一种特殊的环境，进入这种环境的目的不是提高自己的业务能力，而是把这里当作一个分散精力的窗口。

不得不说，这是一种恶劣的恶性循环。一个人“无聊”是因为他精力不济，而消磨时光的方式则带来自己更大层面上的损失：他的精力更加衰弱，精神懈怠，时间被像流水一样消耗。到最后呢？他们未能有什么进步，也没有从中获得什么快乐。

所以，要避免关注没有意义的新闻和事件，收回心神，以避免分散精力带来的后续效应伤害到自己。没有意义的事情还包括争论、愤怒、不切实际的想法等，关注它们不会带来良性的结果，也不会让你有娱乐的体验。坚持这个原则，毅然地将它们挡在自己的思考之外，别为之浪费半点精力。

原则二：集中精力于某件事情时，避免情绪的波动。

情绪的波动容易让人产生消极的思想，在人处于困境甚至绝境中时，它产生的负面效应尤其剧烈。在我们所知道的所有事情中，也许没有什么比强烈的情绪更能直接损耗一个人的精力了。假如是强烈的快乐和兴奋还好，但如果是强烈的忧虑、愤怒或恐惧（对失败的反感等），则会直接让一个人的精力陷入瘫痪状态。

我们也知道，对于有些悲伤、痛苦和焦虑来说，完全避免是一件不可能的事情，也没有必要 100% 地屏蔽。但对于其他可以消除的部分，则考验着一个人的应对能力。如果你不能管理好自己的情绪，无法平和地集中注意力在某件正确的事情上，就很难释放出体内潜藏的能量，决定性地解决问题。

原则三：在工作之外，保持生活的平衡。

为了实现事业的突破，你需要首先保持生活的平衡。这个任务包括两部分：身体的平衡和心理的平衡。其中，身体的平衡要求人们对自己的摄入食物、睡眠、运动保持掌控，对任何需要身体做出反应的情况应对自如。心理平衡也是类似的，它是属于“避免情绪波动”的一个范畴。这是一个双线并行的状态，两者均不可割舍，没有轻重之分。当你处于两者平衡的状态时，精力是富足的，永远有“后备部队”随时准备作战。但如果平衡被打破，你注定会失去某一方面的能力——不是工作就是生活。

原则四：永远不要在精力充沛的时候做一些损害精力的事情。

现在，你感到自己精力充沛，状态良好？这仅是一个好的开头，但也可能仍然指向一个不佳的结果。那就是精力透支。该原则的核心是，我们没必要强迫自己非得立即做出什么“了不起”的事情来，但至少应该抓住这个好机会更进一步。在精力充沛时，需要小心翼翼地维护和引导它，多从事建设性的工作，而不是对其恶意的透支。

最后你要记住，错误的放松方式是一种恶性循环，并非放松就能缓释紧张和疏解疲劳。如果放松的方式不对，你可能会在不知不觉之中毁掉自己良好的状态和之前所付出的努力。比如，在论文的写作过程中突然去听一支劲爆的音乐，尽管愉悦了心情，却可能让你坐回书桌时再也找不到写作的感觉。针对不同的任务，我们要有相适应的放松方式。

四、不断突破昨天的界限，拓展明天的空间

（每一个挑战都是一次机会，每一个突破都是一次成长）

“昨天你很成功，明天你仍然是成功的吗？”被誉为最富远见的国际投资家、量子基金的共同创建人吉姆·罗杰斯说，“别活在昨天的梦幻中，那一文不值，只有明天才是我们应该垂涎的财富！”

在繁忙的工作之外，罗杰斯喜欢周游世界各国，探访世界各地，体验层出不穷的新生事物，接触各个阶层的新人物。他把这些视为了解证券市场动态的一种最直接的方法，同时也视为对自己过去的挑战和革新。

“我并不觉得自己是聪明人，但我确实非常、非常、非常勤奋地工作。如果你能非常努力地工作，也很热爱自己的工作，就有成功的可能。”

对于这一点，他曾经的合作伙伴、量子基金的共同创建人索罗斯也予以证实。有一次，在接受记者采访时提到罗杰斯，索罗斯评价说：“罗杰斯是一位杰出的分析师，而且特别勤劳，他可以一个人做六个人的工作。”

“一个人做六个人的工作”就是罗杰斯突破界限后的成果。他对自己的工作水准永不满足，始终追求提升。罗杰斯是一个善于思考和总结的人。他说：“我能在中国发现和观察到的，每一个中国人都可以。只是我观察到了，然后经过我的思考，就马上行动了。比如，我看到一个东西很便宜，我就想，这个东西在这里便宜，放在其他地方呢？有没有替代品呢？可以通过低买高卖获得收益吗？我就爱这样思考我所观察到的事物，在得出结论后会马上行动。”从不断的观察与思考中，他获得了突破和成长，对财富和投资的理解更为深刻，跟上了时代的步伐。

做别人不愿意做的，去别人不愿意去的地方。这就是罗杰斯投资逻辑的与众不同之处。昨天我们取得的成就，只是属于昨天的界限，明天的空间对你而言才至关重要。所以天才人物擅长思考明天，为明天而努力；普通人却极易活在昨天的影响中，不论昨天是成功还是失败的。

1. 准备改造世界之前，先改造你自己。

大多数人想要迫不及待地改造这个世界，但却罕有人想改造他自己。除了思考自身的天赋之外，你有没有想过自己身上存在的问题：抗压力差，容易放弃，定位模糊，精力分散等？在准备开发我们的天赐之能和挖掘特长并成就一番事业之前，对自己进行改造是必需的一个步骤。最需要做出改变的一点倒是，**你要让自己成为一个对现在永不满足、对未来永远充满梦想的人。**

2. 不要自我设限，每次突破都是一次成长。

有一个关于跳蚤的实验：

科学家往一个玻璃杯里放进一只跳蚤，发现跳蚤立即轻易地跳了出来。再重复几遍，结果还是一样。根据测试，跳蚤跳的高度一般可达它身体的400倍左右。

接下来，科学家再次把这只跳蚤放进杯子里，不过这次是立即在杯上加一个玻璃盖。“嘣”的一声，跳蚤重重地撞在玻璃盖上。跳蚤十分困惑，但是它不会停下来，因为跳蚤的生活方式就是“跳”。一次次的被撞，跳蚤开始变得聪明起来。它开始根据盖子的高度来调整跳的高度。过了一段时间后，科学家发现这只跳蚤再也没有撞击到这个盖子，而是在盖子下面自由地跳动。

一天以后，科学家把这个盖子轻轻地拿掉了。然而跳蚤还是在原来的高度跳。三天以后，他发现这只跳蚤还在那里跳。过了一周以后他发现，这只可怜的跳蚤还在这个玻璃杯里不停地跳着。其实，它已经无法跳出这个玻璃杯了。

现实生活中，你可以观察并反思一下自己，是否也在过着这样的跳蚤人生？有很多人花费了极大的力气去寻找自己无法成功的原因——和天才人物相比，自己到底在哪些方面有所欠缺呢？当他们寻根究底地查找到“罪魁祸首”的时候，总是会发现并非天赋的原因，是由于内心里的自我设限才造成了失败的后果。所以，别要求自己“不要尝试什么”，学会用“挑战一下试试看”的思维考虑问题，而非传统的“安全第一”的生活观念和事业观。

如何提高你的“潜能指数”

【解决 3 大问题】

问题 1：你平时如何应付多项工作，而且其中有一半工作是没什么必要的？

A. 精挑细选，去掉绊脚石；　B. 一起做，到精疲力竭再进行归类；

C. 从没想过，向来做一天是一天。

问题 2：对于应接不暇的任务，你是积极进取的状态还是仅仅应付的状态？

A. 始终积极进取；　B. 状态好时积极进取，状态差时消极应付；

C. 以应付为主。

问题 3：基于本书的建议，你能将自己从应付转为积极进取的精神状态吗？

A. 我有信心，也学到了方法；　B. 尚不确定；

C. 没有信心和办法。

◆涉及管理精力的问题，我们首先必须清楚地了解自己的精力，所以才能谈得上成功的管理，然后提高自己的“潜能指数”。根据这 3 个问题，你可以清醒地看到自己属于哪一类人。为了最大程度地激发潜能，你需要花点时间，诚实、客观地评估你的精力管理现状。这也包括鉴别和认识到消耗精力、阻碍你表现的一些“绊脚石”，然后对自己在困境中的潜能挖掘能力做出一个认定。在刻苦努力的过程中，精力的消耗可能是身体上的，也可能是情感上的。它们是禁止你发挥最佳能力的任何东西。

章总结：在精力最充沛的时间，展开难度最大的任务

在本章中，与其说天才都成功于他们在面临绝境时的表现，不如说天才都懂得分配好自身的精力，来分别应对不同难度指数的任务。当我们要满足日益增多的需求和期望时，尤其要重点提升某方面的能力。应该如何行动呢?

一种人们普遍采取的错误选择是：**简单地应付下来，快速地做出决定，完成目前的任务，然后进入下一项任务中**。这是应付的模式，是普通人的反应机制。在这种应付模式中，我们的表现和响应是呈现停滞并趋于平庸的。它会产生急功近利的负面影响，让我们长期地付出昂贵的代价。尽管它能立刻提供一种解决方式，在当时也能取得一些比较满意的结果，但随着时间的推进，它会让你的工作表现和成功的可能性最小化。

所以，为了成功地实现从“具有天赋的普通人”到“发挥出天赋的天才”的转变，你需要弄清楚的是，是哪些积极因素增加了你应对问题的能力，以及提高了你整体的精神状态和强大的意志力？这是一个重中之重的环节。另外，你还需要了解一些开发天赋和管理精力的基本战略和技术。它们可以帮助我们更好地管理分配精力，保持大脑的兴奋度和对未来的乐观精神，以及增加你训练天赋每天所需的动力。

再进行下一步之前，让我们准确鉴别一下你在生活中处于哪种状态，如果你发现此刻你的精力并不是很理想，不要太紧张，请相信我，每一个人在不同的时期都经历过下面的 4 种情况。

第一，天赋惊人但缺乏承受困难的耐力。

如果你有很多的精力，也有很强的天赋，但是表现出来的效果却是负面的，那么你就处于这一阶段。简单地说，你的行动看起来像一个炸弹，天赋可以短暂的爆发，让人刮目相看，但却缺乏耐心和意志力，对困难的承受能力较差。这会对你目前和未来的进展起到负面作用。

第二，精力充沛并能引导众人。

假如你的精力是很充沛的，对自身潜能的认知也很理性，你会对周围的环境产生积极的影响——但对自己的影响不会太大，那么你可能呈现为一种善于鼓舞人的状态，在管理方面具有天赋。人们愿意围绕在你周围，因为你是柔和的、持久的，可以自带一个和谐的氛围，引导众人聚拢在你的身边。

第三，以快乐和平静的态度应对问题。

假如你的精力并不高，但是却能对人产生积极的影响，那么你就属于有一定天赋并被人们认可的人。你的才华没有牙齿，不会咬任何人。但你的缺点是行动很慢，不能进行高强度的练习，无法取得较大的成就。事实上，如果你很慢，你可能会被搁浅，或者被淘汰，被其他优秀的人才超越。但你的优点是，快乐平静地接受问题，认真和踏实地解决问题，也具有正面的、健康的态度。

第四，糟糕的态度影响到别人。

假如你的精力是不足的，对困境是一种反感和逃避的态度，那么即使有很强的天赋也无法让你对自己和他人产生积极的影响。相反，你的周围是负面的环境，态度也很糟糕。你可能自己没有生产出任何的东西，也没有什么让人赞叹的特点，却不时地伤害到其他人。处于这一阶段时，你就落到了一个比普通人还低的层级。

我们要从本章中明白的是，精力与时间不同，你可以增加或者更新它，以便迎接每天面对的挑战。管理精力是普通人和天才之间最主要的区别之一，就如同预言家托马斯·莱纳德说的："我们不能完全控制时间，只能聪明地管理时间内的活动。"这包括我们对时间的利用和对精力的分配。当你处于一个糟糕的阶段时，能否最大限度地激活自身的状态，就成为能否涅槃重生的关键。

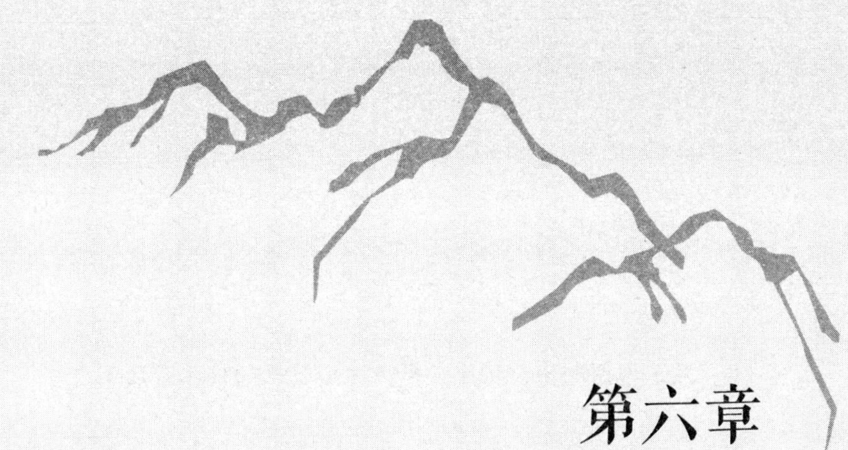

第六章

要成为天才，就必须忍受不被理解的寂寞

——无视非议，把所有的时间用来做对的事

一、你要没有怨言、穷尽一生地磨炼

（从不抱怨和坚持到底，是天才要具备的基本素质）

在一则名为“胡萝卜、鸡蛋、咖啡”的故事中，身为厨师的父亲为激励失恋的女儿重新振作，做了一个试验——他用三个锅烧开水，然后分别将胡萝卜、鸡蛋、咖啡放入锅中继续煮。煮了 20 分钟之后，本来强壮的胡萝卜变软了，本来易碎的鸡蛋变硬了，而最独特的是粉状咖啡豆，它倒入沸水后改变了水，使其变成了一锅香浓的咖啡。

这个故事说明了一个朴素的道理。当你遇到逆境时，应该做出如何反应呢？当人们嘲笑你或者认定你经受不住考验时，你是像萝卜一样屈服而且变软，还是像鸡蛋一样经历挫折变得更加坚强和成熟，又或者像咖啡豆一样能够逆势而上，改变环境呢？

不管学习、工作还是生活中，人难免有“沉重不堪”的时候，但它们并非不可承受。在提升技能、磨炼意志的过程中，抱怨、偷懒、选择舒适的方式也许能获得一时的安逸，躲避问题也能让自己得到片刻的宁静。但是问题并不会消失，而你注定要直面这些考验。当你走出舒适的房间，再次遇到考验的时候，你会发现，那个沉重的十字架是你一定要打破的阻碍——哪怕无人理解，你也要经由此路通往成功的桥梁。

（当你在虚度光阴时，有多少人在拼命？）

——在你逛淘宝时，总有人在训练英语的口语能力。

——在你打游戏时，总有人安静地又看完了十几页专业教材。

——在你晚上早早睡下时，总有人坐在阳台上总结得失，修订计划。

想想现实中，你有没有用尽全力地去做一件事情，有没有孤注一掷地坚持过自己的选择，有没有在非议中保持淡定的心境，在不被人理解时从不抱怨？我相信大部分人都没有做到这些。人们习惯了抱怨，乐意将怨言挂在嘴边，然后抱怨成功的总是别人：“为什么不是我？”事实上，**在成功者天赋异秉的风光背后，是你不了解的“咬着牙关坚持走过”的岁月。**

很多没有取得成就甚至没有真正去努力的人，他们将大把的时间浪费到了那些娱乐的事项上，最后又把自己个人的失败归因于外部环境条件的不匹配和不成熟，也归结于对手的强大：“你看，不是我不努力，是那个人太厉害了！”可事实却是，在同样的环境下，同样的起点，甚至起点更低的人却经过艰苦卓绝的奋斗超越过去，取得了巨大的成功。而你，拥有更好的天赋却原地踏步，没有抓住命运赐予你的机会。

环境当然会影响其中每一个人的成长，但杰出的人却并不会被环境所限。他们有自己的主见，有自己的态度，超越环境限制，无限激发潜能，开发天赋，然后获得令人惊异的成长。这就是天才的成长史。

（我们用来抱怨的时间，可以创造无法想象的成绩）

20年前的时候，我和绝大多数的年轻人一样，对这个世界充满“怨愤”，脑海中写满了“为什么”：

为什么我的才华无人赏识？

为什么那些庸才能平步青云？

为什么我就不能成为万人瞩目的天才？

我相信你也有过这个阶段，不论你是男孩还是女孩。我们用了很长的时间来抱怨，试图在抱怨中消解平复自己的情绪，获取安慰。但后来我经历了一些挫折，和被称为天才的成功人士进行过深入的接触，然后转变了思想，惊讶地发现：

事情并不是自己想象的这样！他们的成功固然有天赋的因素，但更多的是因为默默的奋斗和固执的坚持。在我还以愤青为荣、肆意挥霍着时间时，他们却用这些时间坚持不懈地提升自己，创造出了无法想象的成绩！

改掉抱怨的习惯最有效的方法是转变你的思维方式，要将心神收回来，习惯少说多做，并且习惯用自己的正确行为来证明别人的错误说法。在不被理解中，突破重围，脱颖而出，赢得别人对你发自内心的尊敬，取得让人仰望的成就。

克雷洛夫是俄罗斯的大作家。有一天，克雷洛夫走在大街上。一个青年农民拦着他，向他兜售果子。“先生，请买一些果子吧。但我要告诉你，这筐果子有点儿酸。因为我是第一次种果树。”年轻农民憨厚地说。

克雷洛夫对这个老实的农民产生了好感。于是他买了几个果子，并对他说：“小伙子，别灰心，以后种的果子就会慢慢地甜了。因为我种的果子也是酸的。”农民听了很高兴。因为他找到了一个“同行”。他激动地问：“你也种过果树？”克雷洛夫解释道：“我的第一个果子是我写的一个剧本《用咖啡渣占卜的女人》，可是这个剧本没有一家剧院愿意上演。”

这是天才剧作家克雷洛夫为我们留下的名言：**“第一个果子是酸的。”**是的，没有人能一开始就种植出甜美的果子，都要经历青涩的阶段，然后在人们的轻视甚至蔑视的眼神中坚持下去，才能逐渐成熟起来。

再比如，约翰·克里西是英国闻名世界的小说家，年轻时有志于文学创作。但他没有大学文凭，又没有得力的亲戚，也没有其他人脉，能依靠的只有自己的努力和说不上出色的文学天赋。他把自己的作品向英国所有的出版社和文学报刊投稿，但是，没人愿意要“酸果子”，寄回来的是一张又一张的退稿条。克里西统计了一下，退稿条总共有 743 张。换作普通人，早就灰心丧气地觉得自己不是写作的材料。也有人劝说克里西早点放弃，让他找一份稳定的工作。但他仍然坚持不懈地从事写作。终于有一天，他的作品问世了，引起了轰动，使他成了一位优秀的小说家。天才的成功永远没有想象的容易。

重要的是，你要没有怨言地忍耐这个阶段。到 1973 年逝世时，克里西出版的书堆起来有 2 米多高，超过了他自己的身高。

（必须付出的代价）

每一个成功者（没有天赋和拥有天赋的成功者）种下自己的果树后，就开始了一条不被人理解的艰辛之路。因为他们在第一次或前几次收获到的并不是甜甜的果子，一定是不成熟的作品和令人失望的印象。

马云和刘强东是电子商务的天才。他们分别创建了阿里巴巴和京东，已成为国内互联网商业的巨头。但在早期，他们也出师不利，超前的想法不被人理解，尤其不被投资人理解。拿着商业计划书到处融资，遭遇的是一个又一个冷脸。没有人肯借钱给他们，甚至刘强东想借 100 万元发工资的请求也未能实现。

这时怎么办呢，早点放弃、顺从大家的想法吗？关掉阿里巴巴和京东，去做那些在当时还算红火的产业？这不是马云和刘强东的选择。他们对于环境没有抱怨，而是坚定了决心，穷尽自己的一生也要实现电子商务的梦想。

一个人要想在自己的人生中美梦成真，除了抓住重大的机遇之外，无不需要经验的积累和踏实的坚持不懈的努力。**你要善于把梦想当成自己奋斗的目标，这比天赋更加重要。**正如一位有经验的农民，只要你舍得花精力，持之以恒地培育，田地中的果子一定会最终变得甘甜，卖出好价钱。

任何一个人的一生都不会是一帆风顺的。纵观现实的案例，天才的一生更是会遇到大大小小的难关，在非议中坚持不懈才是成功的关键所在。是否经得起这样的考验，完全决定于一个人的抵抗外界因素影响的能力，特别是强大的抗压能力。面对别人的不理解，抗压能力弱的人容易想不开。他们总是自问："倒霉的为什么是我？难道我不能像别人一样吗？"于是，他们轻易地选择放弃，融入大众思维之中。

在这个世界上，所有的通向成功、幸福的路，对普通人和天才都不会是完全笔直的，都要走一些弯路，经受考验，付出或大或小的代价。我的建议

是——**坚定想法、从容面对、理性定位、高效努力。**只要下次不再像上次那样犯下错误，并且坚持走下去，拥有一种淡定的心态，你就能从中看到希望。

这种坚持的力量始终蕴藏在伟大天才的心中。这是一种即使面临失败和挫折，仍然懂得继续努力的良好心态，是天才之所以成功的基础。

有一位曾风云一时的企业家，因为经营不善而欠下了一笔巨额债务。他由于无力偿还，不得不宣告破产，从千万富翁转眼就变成了一无所有的穷光蛋。他的精神几乎崩溃，觉得自己再也没有活下去的希望了。

于是，他决定在生命的最后日子里去家乡的小山村看看，再为父母的坟添一把土。经过老乡的一片西瓜地时，他停了下来。守着瓜田的老人很热情，挑了一个大个儿的西瓜让他品尝。

看着满地枝叶掩映下的滚圆的大西瓜，企业家想想自己也是辛劳一场，却未能看到美满的收获，还落到如此境地，难免感慨。他对老人说："看样子今年的收成不错吧？"老人说："嗯，今年托老天爷的福，还不错。"

"哦，难道往年很不好吗？"

老人说起自己的大半生都与瓜秧相伴的历史，说自己流了不少汗水，也流过许多泪水。有一年，瓜苗刚出土，便遭遇旱灾。为了让瓜苗活下来，他坚持每天挑水浇灌。不过，大部分的瓜苗还是旱死了。又有一年，金黄的花朵开得正当茂盛，一场洪水却让一切都泡了汤。还有一年，眼看就到了收获的季节，一场冰雹又无情地打碎了一切……像这样的事情都是家常便饭了。

说这些的时候，老人似乎并没有什么哀怨，反而乐观地说："人和老天爷打交道，少不了要吃些苦头或受点气。但是，今年的年景不好，并不代表明年的不会好。只要你接着种，总有一年会大丰收。"

企业家看着满地的碧绿，忽然醒悟过来。的确，有时候你的努力并不一定会有收获，年景哪里会年年都如愿呢？如果你只种一季就不再种了，那么你就真的再没了丰收的机会和希望。只要你一直坚持种下去就有希望！他临走的时候悄悄在瓜棚下的椅子上放了100元钱，以示感激。

回到家乡的第二天，这位落魄的企业家就启程回到了城里。5年后，他在曾经跌倒的地方重新崛起，并且成了一个现代化企业的领军人物。

没有一个天才的成功是不需要付出代价的。成功的天才不论经历过多少次的逆境，遭受过多少次的奚落和非议，心中都会保持着追求梦想的勇气和力量，好的心态往往能够帮助他们扭转命运。因为他们知道，这个世界上不存在“零代价的成功”，只存在“零作为的失败”。

怨言只会让你加速失败，迎难而上才可征服世界。面对孤独、无人关注和无人理解的处境，有的人努力奋争，百折不挠；有的人浅尝辄止，一番争取之后便偃旗息鼓；有的人一陷入困境，就心怀恐惧，主动绕着问题走，放弃挑战，停止对自己的磨炼，然后活在怨言与不甘之中。不同的态度导致了相同条件的人的不同结果。怨言不会改善你的处境，也不会帮你带来机遇，它只能让你缩手缩脚和碌碌无为。只有迎难而上，笑看风云，才能顺利地释放自己的才能。这既是成功的法则，又是我们人生的哲理，是一个人应该具备的素养。

二、你永远不要试图向无关者解释

（你要对得起自己的付出，而不是对旁观者负责）

一个富人遇到了一个穷人。富人对穷人说：“我这么有钱，你怎么不尊重我呢？”

穷人回答：“你有钱和我有什么关系？我为什么要尊重你呢？”

富人说：“我把我的财产分给你一半，你会尊重我吗？”

穷人回答：“你把财产分给我一半，我就和你一样了，为什么要尊重你？”

富人又说了：“那么我把自己的财产全部给你呢？”

穷人说：“那我就更不会尊重你了，因为我是富人，你是穷人了。”

这是一则富人和穷人关于心态的笑话。我把它讲给哈佛商学院的学生，向他们说明心态的重要性。如果你想得到别人的尊重，钱不是唯一的资源。你必须拥有让人信服的条件，包括特质、素养、情操和意志等。但在心态的构成中最核心的因素是什么呢？

第一，你明确知道自己要什么，也明白如何为之奋斗。

第二，你有充分的自信，不为外界的评价和非议所动。

（敏感的人不容易坚持到最后）

上述两个因素在很大程度上决定了你未来的高度，左右着一个人能否顺利发挥擅长的优势。用一个词总结就是：**钝敏特质。**对外界的变化、他人的评价等别太敏感，甚至要保持一些麻木般的情感。

2016 年 7 月，我在芝加哥的一个画展上遇到了画家安格林斯。她是美国中部十分知名的画家，10 岁起就声名在外。如今她取得空前的成功。当时她在接受采访，对着记者说了一段话：

“每个人都是个体，都有自己的生活方式，所以要活得有性格一点，也有个性一点。我画画从不解释为什么，也从不考虑大众的喜好，至于人们的评价，那是他们的自由。”

这是一个既纯净又任性的天才。她感到不喜欢了就烧掉自己的画。人们纷纷阻止：“画得这么棒，烧了多可惜？”她回答说：“烧了才能进步。”因为她不想存有负面情绪，对自己做的事情也不对任何人说明。所以，她从一个小天才变成了被社会认可的成功画家。这样的特质，能让人懂得坚持，享受寂寞和孤独。

行事不顺的人通常是很敏感的，加之有些天分，就更加在意别人对待自己的态度，往往因此而患得患失。这类人我们在生活中见到了很多。这些人因为敏感，所以人生之路起起伏伏，总在跟环境对抗。其实，面对别人的不友善和一些质疑，你最该做的就是打开体内的应急按钮，激活钝敏特质。就像给手机杀毒一样，调动所有的防毒软件，全面修护自己的情绪和感受。

我们可以分两步走：

第一步，把无聊的闲言碎语和无端的猜忌全部扔掉。

第二步，只留下能够激励自己的情绪。

在我们认真学习和做事时，被人嘲讽当然是一种非常难堪的事情。第一辆火车被发明出来时，英国贵族一片嘲笑声，没人相信它能开起来，但它现在是全世界主要的交通工具之一。没有谁不想被众人认可，既认可自己的努力，也认可自己的选择。但这种事是你无法决定的，同时也无法回避。因此，最好的方法就是将它有效地消化，转化为动力，成为一个激发你开拓新局面、扭转逆势、取得成功的开端。

我们做什么事情都不需要向别人解释理由，有个性的人总是这么做的。反之亦然，不要让别人来定义你，同时你也无须去定义别人。在这个世界，想尝试给任何事情套上一个既定法则基本都是徒劳，就像天气可以瞬息万变，颜色也是不可胜数。问题是，你怎样将上帝给予的公平的时间充分利用起来，在别人还在议论纷纷时做出傲人的成绩。

就是这样的，天才是孤独的，但也是幸福的。只要你坚持正确的方向，继续不断地前进，脚踏实地将该做的任务做好，抓住一切时机磨炼自己。很多时候，我们都要让自己开心一些，比如取悦众人，融入世界，但也要有足够多的时间活在自己的世界中。因为只有在自己的世界中，你才真正明白应该做些什么。

做好自己的事，做自己想做的事。不要浪费时间在对无关人的解释上。

所以，当你做了别人不能理解的事，不需要向他们解释。如果你认为是对的，就默默地坚持下去。不是因为解释就等于掩饰，而是懂你的人不需要解释，不懂你的人你又何必解释呢？别人不明白，你自己明白就可以了。用事实证明你的选择是最正确的，用结果证明你走过的路就是一条伟大的“成功之路”。

（坚持自我，冷视非议）

在我看来，那些能够坚持自我（少数人）的人，往往比普通人更有勇气和魄力，也承受了超出常人的非议。纵观人类历史至今的伟大成功者和出类拔萃的优秀人物，他们都是可以冷视非议的人，他们也能足够地做到坚持自我，甚至不惜对抗整个世界。

假如你想做一个坚持自我的探索者，想成为一个被人记住的天才，就要牢记下面10条原则。它们都很朴素，没有高深的言语和华丽的辞藻。但是，这些朴素的原则最适合帮助一个勇敢的人找到一条修炼自己的正确路径，指导我们的人生，提升我们的“自信指数”。

1. 明白需要做什么——不明白今天和明天要做什么的人是不幸的。

人生在世，必须有所追求，才能成就价值。天才和普通人的区别之一，就是天才有明确的追求，知道自己需要做什么，普通人却浑浑噩噩，无所追求。有一些坚持自我的人虽然深知自己的目标，也明白自己的特长。但是，他们有时并不善于计划自己的生活。这就是为什么有些天才的生活管理一塌糊涂的原因。因此，我们既要知道自己未来的大目标，又要清楚今天和明天的小目标，尽量让生活中的小目标为事业上的大目标服务。如果你每天都过得充实，都比昨天更接近自己的理想，这样的人一定是幸福的。

2. 伟大的品格源于自信和坚持——没有伟大的品格，就没有伟大的人，甚至也没有伟大的天才。

天才的优势是天赋，但要成为伟大的人，必然要有伟大的品格。品格比天赋重要 100 倍、1000 倍，因为品德决定了你的行为的正义性和利他性。一个品德很差的人，他的天赋就可能成为作恶的工具。一个伟大的人之所以令人尊崇，就在于他在伟大品格的指导下做出了巨大贡献，让自己的才能为社会谋利，为他人谋幸福。因此，一定要有纯洁的目的，来保证手段的纯洁和结果的正义。

3. 对自己要有清醒的定位——不要盲目乐观，要保持理性、客观和公正。

一个能够坚持自我的人，对待事物一定会有客观的态度。他们不会偏听偏信，刚愎自用，也不会盲目乐观，四处出击。就是说，要保持谦虚，知道的就说知道，不知道的就去询问，向任何一个人学习。一个客观的人往往公正，而一个公正的人才能够得到他人的信赖和尊重。大凡那些受人敬仰的人物，他们的处事都是公正与客观的，并且拥有谦虚和平易近人的胸怀。

4. 不断地充实自己——那些一直把握机会充实自己的人，他们的前途不可限量。

即便你很优秀了，也要懂得充电，就像饥饿的人需要食物一样，不断地学习和充实自己。一个人想要成功，天赋和能力是最基本的要素，学习的动力也是非常重要的因素。天赋决定了你的下限，而后天的学习则决定了你的上限。所以，要把握住每一个充实自己的机会，活到老，学到老，不断提高自己的能力和竞争力。面对外界时，我们也要不断地接受新事物，适应新形势，不断地激发自己的创造力。这样的人，才能立于不败之地，才能踏上成功之路。

5. 多交理解自己的朋友——天才的圈子很小，但懂他的人很多。

我们知道朋友的重要性，一个坚持自我的人，当然不可缺少高质量的朋友。朋友会给你最中肯的意见和最有力的支持。同时，他们也是你事业的助力，是你生活的良师。但朋友也分很多种，一种是理解和支持你的人，另一种是不理解和把你带入歧途的人。请远离后者，亲近前者。善于结识理解自己的朋友，你的路会越走越宽。我们可以看到，天才人物的朋友圈都很小，站在里面的人不多，但个个都是他的知己。他的圈子很小，可懂他的人很多。这也是坚持自我的另一种解释——既要避免孤军奋战，又要寻求志同道合的朋友。做事有底线，交朋友也要有底线。

6. 做对的事情比把事情做对重要——选择对的方向，然后再坚持下去。

首先坚持正确的方向，再去把事情做对。坚持自我是件好事，成功者鲜有不坚持自我的。但是，一定要把握好自己所选择的方向。如果方向错误，或者你要做的事会危害到他人，还是及早放弃，另寻出路为妙。所以我常对人说："别总觉得自己的方法有多么高效，先看看是否走对了方向。方向对了，你再坚持。"

7. 不放弃一丁点的希望——这个世界上没有绝望的处境，只有对处境绝望的人。

一个不放弃希望的人，不管遇到了多大的困难，他仍然有成功的机会。因为事情瞬息万变，人的想法也此一时彼一时，现在的状态并非就是结果。认清了这个道理，你就明白了"苦心人，天不负"和"有志者，事竟成"的含义。这个世界上没有真正的绝境，只有真正的绝望。

8. 在坚持中改造自己——大多数人想要改造这个世界，但却罕有人想改造自己。

一个能够坚持自我、不为外界所动的人，大多有雄心壮志，也有一定的天赋。如果他们能够审视自身的弱点和劣势，通过学习，改正缺点，转化劣势，让自己磨炼得更加强大，就会有更大的作为。最怕的是以天赋为傲，平时放松对自己的要求，这样一定会被天资不如的人从后面超越，乃至后悔莫及。所以坚持自我的人既要看到前方的目标，偶尔也要停下来检视自身，对自己随时改造和提升，才能成功地改造这个世界。

9. 在失败时仍然保持强大的信心——把每一次失败当作一个新的起点，而不是结束。

如何定义失败，也是天才和普通人的重要区别。在天才眼中，失败是什么？答案是：没有什么，只是更走近成功一步。普通人觉得失败就是结束，天才觉得失败只是刚刚开始。最后的成功又是什么呢？是我们走过了所有通向失败的路，只剩下了一条路被你看到了，那就是走向成功的路。在失败时信心不倒，仍然保持着强大的自信，这样才能闯过难关，使自己得以升华。面对失败，每个人都会对自己的能力产生怀疑，但失败又是成功之母。失败能够给你宝贵的经验和教训。当你不再害怕失败时，天赋转化为成果的大门就对你敞开了。

10. 永远不要在意别人的说法——走自己的路，让别人去说吧。

我们自己的梦想、心愿和目标才是最重要的。一旦认定了目标，就坚定地努力前进，不要在乎旁人的非议，也不要在乎世人加在你身上的虚名。有句话说："走自己的路，让别人去说吧！"只有一心一意向着目标前进的人，才是真正的成功者；只有特立独行、笑看世界的人，才是真正可以成功的天才！

这 10 条原则简单却很实用。我们在坚持自我的过程中最需要注意的，就是不要空有伟大目标。如果你的理想是空洞的，如同天上的月亮，那么你的天赋就成了地上的云梯，看似很高，却无法抵达理想。我们在坚信自己时，同时要有计划、有步骤，善于积累知识、善于借助朋友的力量，还要勇敢地面对挫折和失败，正视那些自身的弱点，承受住压力而继续行进。从凡人到天才的道路从来不会顺利，不要在乎别人的说法，勇敢地把握自己的人生。

三、你要对自己的选择拥有强大的自信

（不被"吃瓜群众"理解时，别急着自我否定）

有两位 70 岁的老太太。有一位认为，到了这个年纪可算是人生的尽头，于是便开始料理自己的后事，对人生充满悲观。另一位却认为，一个人能做什么事情不在于年龄的大小，而在于对自己有没有信心。她不在乎大众的眼

光，忠实于内心的想法。于是，她在70岁高龄之际开始学习登山。

在随后的25年中，她一直冒险攀登各地的高山，其中几座还是世界上有名的险峰。就在后来，她还以95岁的高龄登上了日本富士山，打破了攀登此山的最高年龄纪录。这个“胆大包天”不怕死的老太太就是著名的胡达·克鲁斯。

她说：“我相信自己的选择是对的，这是我的人生。自信是什么？自信不是你站在领奖台上，面对台下的众多观众可以保持微笑。恰恰相反，**自信是在没有人相信你的时候，你仍然可以深信自己。”**

因此，自信的真正含义是：它不是你在成功之后才告诉自己能得到，而是在你没有成功之前就相信自己一定能实现梦想的一种信念。

如何将自信这种信念转化为我们日常生活中的语言，它可以体现为：

“我一定可以！”

“我是这个世界上最棒的！”

“我相信我能够成功，因为我一定要成功！”

任何一个成功的人都是绝对自信的。天才也成功于自信。那些碌碌无为的人，只要偶尔遇到一点挫折，他们就会心灰意冷、一蹶不振、平庸的度过一生。不管在哪一个领域，没有自信的人都是很难成功的，就像一个没有脊梁骨的人很难站得笔直一样。所以，天赋因自信而迅速成长，也因自信而淋漓尽致地释放出来，从而促进一个人在他的事业上战胜诸多的困难。

让自信充分激发你的潜能。因为相信，潜能才有机会被激活。每一个人的潜能都是无穷无尽的，并不因天才或普通人有所区别。但这种潜能有可能会在很长的一段时间内不被发觉，因此你会觉得自己是平淡无奇的，这辈子也许碌碌无为，跟身边那些一无所求的人没有什么差别。假如你一直是这种心态，成功就会离你越来越远。实际上，这是对自身信心的淡化。要发现自己的闪光点，从中找到自己与别人的差别，对成功产生兴趣，对强化自己的技能产生迫切的愿望，然后你就走上了一条正轨。

在很多天才成功者的案例中，我发现，他们从一开始就对自己充满了信心，不因大家的七嘴八舌的环境限制而自卑。他们相信自己一定能够鹤立鸡群，成为佼佼者，那么不论他做什么事情，都会怀着满腔的热情。不论事情有多么艰难，他都坚信自己一定可以找到解决的办法。

在今天的世界上，**解决问题的方法总是比问题本身要多。**如果你具有了如此强大的自信，就可以做出超出自身能力很多的事情，把体内的天赋开发出来，创造生活中的奇迹。

（不按常理出牌，天才总是离经叛道）

Jeremy Scott 是天才服装设计师。他喜欢早晨起来在开始工作之前，四处走走，看看自己所在的城市。然后他会对自己说一句话："你不要让城市成为它想成为的样子，要让城市颠覆城市。"这是他的设计理念，也是他的人生价值观。

他的每天都安排得满满的，几乎每个小时都在工作。他也不需要像其他艺术家那样通过一场特意安排的旅行或其他方式去寻找设计的灵感。对他而言，灵感就是自然产生的："灵感无处不在，它们就在那儿。就像某些物件，在我把它拿起来之前，它没有吸引我的注意。但当我注意到它时，灵感自然就源源不断地冒出来。"

他经常在自己的设计中带入流行元素，比如米老鼠。同时，他又非常乐于挑战传统思维，很有一种离经叛道的思维。比如他设计出了单裤腿的裤子，因此他被称为"时尚界的 Jeff Koons"。有一家杂志评价他说："这个人从不按常理出牌，同时又对自己超级自信。因此，他成为全球时装界最重要的人物之一。"

安东尼·罗宾是世界顶尖的潜能大师。他认为，任何一位成功者都不是天生的，天才也不是天生的（许多人错误地以为天才就是与生俱来）。一个人成功的根本原因是他有无自信心去开发自身无穷无尽的潜能，然后狂热地投入进去，训练和磨炼自己的天赋。

每一个人的身体内部都有一座储量巨大的能量库。我们的天赋就藏在里

面，蕴含着相当大的潜能。采取什么方式将它开发出来呢？不要盲信传统的模式和观念，要坚定地相信自己，哪怕你是离经叛道的。

我不止一次听到有人说："哎，我只是一个普通人，而且是一个没什么本事的人。因此，我从来没有期望过自己能做出什么伟大的事情来。"排除刻意的谦虚之外，难道这不正是问题所在吗？你从来没有想象过自己能做出什么成就来，从来不敢挑战既成的秩序，并且在不断地强化自己的这种意识，所以你只能把自己定格在一个自我期望的狭小的范围以内。

用积极的心态面对个性，坚持个性。只要我们抱着积极的心态去开发自己的潜能，训练天赋，让其自由地释放，你就会发现自己有用不完的能量，你的能力还会在使用的过程中变得越来越强。与此相反的是，如果你根本不相信自己是有能力的，也不信任和坚持自己的个性，天赋的释放就受到了限制。你每天少开发 1%，100 天后就可能大大落后于起点和你相同的人了。这就是为什么有个性的人能挑战成功，没有个性的人容易消极和混日子的原因。

不要为放弃编出种种荒唐的理由。人一旦准备放弃时，就会编出太老、太年轻，或者其他的理由。人类也是这个星球上最擅长自我安慰的生物。对 99% 的人而言，放弃既定的理想是轻而易举的。也许你在朋友圈中已经发了无数次誓言，但遇到质疑、碰到困难时，做出放弃的决定很可能用不了 3 秒钟。这是我特别提醒的一点，开创新的局面虽然很不容易，需要面对各种各样的大大小小的麻烦，但是却能带给你无穷的美好与幸福。我们无法让时间停下脚步，但是却可以停止内心消极悲观的思想，对自己确立的方向和目标无怨无悔地坚持到底，重复地训练和高强度地努力，就能实现我们所追寻的梦想。

四、天才做到了 3 件事，其他人只做到了 1 件半

（成为天才的三个要素，99% 的人只有一个半）

有人说过一句话："天才是站对了队的笨蛋，笨蛋是站错了队的天才。"在我看来这句话可以这样理解——世界上没有两片完全相同的叶子，也没有完全相同的指纹。我们每个人的基因排列和组合方式都是独一无二的。也就是说，上帝对每个人都是公平的，它给了我们每个人独特的天赋和异于别人的才能与优势。这就决定了，某个领域的天才也许是另一个领域的笨蛋。你是笨蛋还是天才，可能取决于你是否站对了队。假如你能有意识地发掘并发挥自己的独特性，一样可以有出彩的人生。

1. 决定你是否站对了队的三个要素，就是勤奋、天赋和运气。

10 年前，当我在华盛顿负责一个销售部门时，确立了一个制度：公司的每一名新员工都必须上台做自我介绍，而且要接受老员工的提问——问题是随机、自由和充满考验的。这时，多数新人的表现都很差，紧张，腼腆，语无伦次，或者说些谦虚至极的套话。只有一位叫伦博的小伙子完全没有觉得不好意思。他口才很好，上台第一句话就说：

"我是厨师出身，但我能将销售做得像菜一样好吃。"

台下的人哈哈大笑。当时我就认定，伦博会是一个销售天才，因为他十分懂得将自己推销出去。在短短的 5 分钟内，伦博的发言就综合体现了本节讲到的 3 种要素。他是一个勤奋的人，而且有天赋。同时他的运气也不错，遇到了我这样的上司和正处于扩张中的优秀部门，有大把的项目供他练手，也有充足的培训机会磨炼他的能力。

培训期结束后，伦博正式投入工作。和他一起入职的还有 6 个新人。他们表现一般，不敢给陌生人打电话，通话时也中规中矩地念稿子，毫无新意，常被不耐烦的客户挂断电话。但伦博很放得开，他是一个富有创意的营销人

员。客户愿意跟他聊很久，他们中从美国历史聊到全球史，从产品聊到美食，又从穿衣着装聊到电影爱好。对此，许多老同事也自叹不如。

不到半个月，伦博就谈成了一笔大生意，税后提成达到了 7000 美元。一个对专业知识略懂皮毛的新人，就这样以惊艳的方式在公司完成了业务上的亮相。后来，他还拿下过公司历史上最大金额的订单。再后来，他离开了公司（这是可以预料的），孤身到美国西部开了一家工厂，主营电子产品的生产和销售，还把公司开到了国外，比如新加坡和越南。

一个厨师出身的年轻人，这是一个极为普通的标签，就像我们提到的各城市写字楼的白领一样普通。像这样的人到处都是。但为何伦博能够迅速取得了如此巨大的成功，而其他那么多的人都没有呢？

重要的就是：伦博做对了上述这三件事，充分发挥了自己的天赋和才能。他将勤奋、天赋和运气成功地结合起来，外向的性格和努力的精神辅于优秀的天赋，能够快速入手，进入状态。这样的人不管干什么，他的成就都不会差。当然，他也许一辈子都成不了一个好厨师。

当研究和他特点相似但人生失败的人时，我们会发现这些人犯下的重大错误——大部分人只具备了 1 个半要素：**勤奋，再加上 50% 的天赋。**为何这么说呢？因为勤奋是普通人的标签，也是这个世界上最廉价的东西。一个人坐在办公室每天奋战 12 个小时，我们就可以说这个人是勤奋的。几乎人人都能做到，勤奋的成本很低。天赋呢？问题就在这里，超过 80% 的人只开发出了自己天赋的 50%——也许还要更低，不到 30%。因为他们站错了队，选择了自己不喜欢或者一点都不擅长的领域。比如伦博之前的职业厨师，在厨师这个领域中坚持下去，他就会成为那个只开发了 50% 天赋的人，也就不会有第三种要素：运气。

2.99% 的人只占到了一件半，因此你要先把位置站对。

从明星职业经理人转型为天使投资人之后，李开复的勤奋变本加厉。但他的投资人之路远不如职业经理人的历史辉煌，尽管他投资了许多成功的项目，却并没有因勤奋创造出比过去更加伟岸的成绩。把位置站对，是对一个天才的基本要求。

在一次调查中，我提出了第一个问题："你认为目前的职业是你擅长的吗？"在收到的3000份答案中，超过74%的人坚定地认为"不是"，并感到无奈。也就是说，在100个人中有74个人没有选择他最喜欢和擅长的领域。紧接着是第二个问题："你对现状满意吗？"在所有的回复中，超过87%的人认为"不能满意"。可是，他们没有为自己的现状总结原因。

于是，后面是第三个问题："你认为自己和成功者最大的区别是什么？"这是一个极难回答的测试——我们要看看人们是如何归因的。与那些出类拔萃的成功人物相比，人们认为自己落败的因素是什么呢？结果这个问题收到了2万多个回答，其中有14300个回答是"运气"。

这个答案并不能让我感到失望，说明多数人没有意识到自己输在什么地方。如果只有天赋和勤奋，仅仅差点运气的话，可能世界上绝大多数人都已位居天才之列。事实是没有，那么你应该总结的是——为什么我没站在合适的位置上呢？在一个适合自己的位置上，勤奋、天赋和运气这三种要素才能充分地融合到一起。有时，它们构成的"**幸运结合体**"会主动找上门来。

五、只交层次对等的朋友，避免不必要的时间浪费

（清理"朋友圈"，不要把对的时间花在错的人身上）

在我们和自己的社交关系交往的过程中，"他们"总在悄悄地产生影响，就像一根绳子。不知不觉你已经受到了它的熏陶和感染。有些朋友是健康的细菌，有些则是传染负面影响的病毒。

比如，如果你结交的都是拜金主义者，那么你奉行的准则在经过一段时间后就会大概率地变为"金钱至上"；如果你周围的人都是从不努力的花花公子和地痞流氓，那么你成为花花公子或者黑社会分子的机会就比一般人更大，

也许你会是一个犯罪天才；如果你周围的人抛弃本职工作，喜欢内部倾轧和竞争，那么你很可能就会参加到他们的行列中去，变成一个争权夺利的高手；如果你周围的人信奉弱肉强食的丛林法则，觉得欺凌弱小是对的，这种观念也一定会感染到你。

这就是朋友圈的力量——当你身边的朋友都是这些人时，你还有机会变成一个成功的优秀人士吗，甚至成为一个产生正能量的天才吗？答案是不会。我在自己的工作和培训事业中，多次向人们强调一个原则，只交层次对等或比自己稍高一个层级的朋友，别把宝贵的时间和精力浪费到那些错的人身上。

因此，你一定要时时刻刻地检查自己的社交关系，保证其始终呈良性的发展态势。交对了朋友，我们就能节省精力，更多地投入到对自身的修炼中，同时也能获得高质量朋友的支持。

（合群未必是一种优点）

检查朋友圈是一个重要的步骤，怎样检查自己的关系网呢？在走出第一步之前，可以先认真地询问自己：

1. 我平时（每周）和谁在一起的时间更多一点？

2. 跟谁在一起对我更有利，也更加有帮助一点？

3. 我朋友圈中的这些成员都对我的人生、我的事业有怎样的意义？

4. 他们能提供给我的信息是正面的还是负面的？

5. 我像现在这样同他们交往下去，在一段时间以后，我能取得怎样的成绩？

6. 这些朋友对我的帮助是一无所成，还是大有收获？

经常问自己这些问题，对于生活和工作中的朋友的认识你就会理性得多，不会再像过去那样感性。这样一来，你就可以合理地分配自己的时间——你知道哪些朋友需要花费大量的时间来培养和维持，知道哪些朋友不必结交，甚至可以从自己的关系网络名单中永久地剔除。有了这个步骤，这样你就可以从不必要的应酬中解脱出来，把这些精力拿来做最该做的事，进行专项训练，开发自己的能力。

也就是说，一定要有清净的本性和冷静的头脑观察自己的朋友圈，对其重新规划。天才未必是不合群的，但他必定喜爱独处。不合群也不是一种缺点，因为很可能是由于周围的环境不符合他的需求。

如果我们去观察身边的聪明人和那些成功的天才，你会发现他们都是这样的：

你可以很容易地和他们结识，互相之间也都谈得来。他们尊重你的信仰和观点，你也理解他们的处境。但是当你们吃吃喝喝之后，你想要进一步地深入了解时，就会发现他会有意无意地和你保持着微妙的距离。这让你们之间虽然熟悉，但是始终隔着一层纱。你进入不了他们的深层世界。他们对此也不感兴趣，因为他们有更重要、更有价值的事情要做。

（和同层次的人深交，向更高层次的人学习）

天才往往很少交朋友。或者说，他们和大多数人保持着一种友好的关系，却只和少数同等级的聪明人深交。就像爱因斯坦说的：“世间最美好的东西，莫过于有几个头脑和心地都很正直、严正的朋友。”作为人类至今最伟大的物理天才，爱因斯坦对朋友有着极高的要求。除了有聪明的头脑外，还必须是一个正直的人。

第一，要和那些聪明人做朋友，因为和层次不对等的人会出现交流问题。

在前几年的热播美剧《生活大爆炸》中，我们可以清晰地看到人与人之间的“层次对等”这一概念。不同层次的人在沟通上会出现严重的问题，造成时间、精力和天赋的浪费。这部剧中描述了一大群高智商死宅。他们是物理学、宇宙学等等领域的拔尖人才，当然也是天才。当其他普通人的角色加入时，在交流中的思想碰撞就制造了无数的笑料。对于有些问题，他们会觉得是在“鸡同鸭讲”，因为对方完全不懂，也不想听懂。

在我们的现实生活中，你也会遇到类似的情况。比如，当你想要去结识高手时，自己是否感到惶恐呢？是不是要准备很多的知识，是不是提前想到一个问题：“我谈论的话题对方是当成笑话，还是会严肃地跟我普及常识？”这说明双方根本不在一个层次上。这种层次，其实不仅仅是智商，也是阅历、交际能力等等综合实力的一种集合。反过来，你对层次较低的人也有这种感觉，把所有的社交时间放到他们的身上，毫无疑问是对自己精力的浪费。

因此，如果你认为自己是一个富有才华和野心的聪明人，那就不要和很多的人交朋友。因为你不得不降低到普通的 A、B、C、D 这样烦琐和缺乏实际意义的层次中。你要花费很多口水才能解释清楚一个问题，甚至还要去解释自己为什么会这样想，为什么不能那样想。你不必因为冷略了他们而自责，因为这不是你的责任，也不是你的义务。

第二，每个人的时间有限，你应该把宝贵的时间交给更重要的事。

有一点是确定的：天才必须格外珍惜自己的时间。比如在几乎所有的艺术作品，尤其是影视作品中，天才们的形象往往带有孤僻、讨厌社交这样的特征。这些人要不就是自身有社交缺陷，害怕社交；要不就是社交技巧的高手——**他们懂得如何避免不必要的时间浪费**。现实情况中，多数天才其实属于后者。

对我们的生活和工作来说，社交本身是一件极其耗费精力的事情。社交需要我们做什么呢？首先你要交流，网络、电话和线下的交流都是必不可少的；其次你要处理大量的社交问题，聚会、关系维护、矛盾解决等。这些时间对天才来说简直就是犯罪式的浪费，因此他们往往会直接跳过这些选项，而是专注地去做自己认为真正重要的、有价值的事。你也应该如此。往往这样的习惯，才能帮助我们做出杰出的成就。比如乔布斯，他就是一个极度讨厌无谓社交的天才。他宁愿将时间全部捐献给办公室，坐在那里对着电脑发呆，也不想去跟一群对自己没有吸引力的“朋友”一同品尝红酒。

（如果层次不对等，宁可没有朋友）

这并不是一个功利的选择，因为从实际的影响来看，朋友的质量确实关系到你是否能开发出自己的天赋，成功地抵达目的地。我们说了这么多，并不是说聪明人和有希望成为天才的普通人都必须是自私的、不重感情的人，而是说我们应该更看重自己的追求，在社交的选择上，要比过去变得更加谨慎，追求高价值的社交。

前不久，一家英国的心理学期刊发布了一项关于人类学的研究。研究人员发现：一个人与挚友的互动越多，就觉得自己越快乐。但广义上的社交越频繁，他的生活满意度反而是下降的。频繁度越高，满意度就越低。这个调查结果推翻了人们传统的认识，即“多参加社交活动可以让人更幸福开心”的结论。

简单地说就是，普通人现在口头中的“多去参加集体活动”“多去认识些人”等传统的社交观点，对于人的生活和事业所产生的影响未必就是积极的，有可能正是让我们过得越来越不开心的主要原因。

反观那些聪明而有才华的人，他们往往只看重“重要的人”——少数层次相同的朋友，共同构建一个凝聚力强大的小圈子。什么是“重要的人”？答案就是“亲人”和“挚友”。亲人是我们离不开的，挚友是我们需要的。只要你的圈子中有这两类人，就已经满足了一个人在感性和理性上的几乎所有的诉求了。然后，你就可以规划其他的时间，专注地发展自己的技能，并从他们那里获得高效的帮助。

现在，你可以静下心来，好好地想一想，自己在社交工具上有数百、上千个好友，每天花费大量的时间去交流、点赞和评论，从中获取谈资。这些疲于奔命式的社交活动把时间灌注在近乎无限增加的“浅层朋友”身上，对你的成长帮助是什么呢？

不要再盲目、麻木地消耗、挥霍自己宝贵的时间了。与其愚蠢地追求“朋友多”的虚荣的面子，不如确立一条新的原则：如果层次不对等，宁可没有朋友。这是天才的做法，也是聪明人的思路——**你要明确无误地知道自己想要什么，然后专注于其中。**定位自己擅长和感兴趣的领域，在这里面结识一些“挚友”，建立高质量的朋友圈，并把自己有限的时间和精力花费在这些对自己来说比较重要的人身上。

测试 如何提高你的“自信指数”

【提高 10 个方面的信心】

1. 一旦你下了决心，即使没有人赞同，你仍然会坚持做到底吗？

A. 是，这一点毫无疑问；

B. 不确定；

C. 不会，我无法在众人反对的情况下坚持。

2. 在参加晚宴时，即使很想上洗手间，你也会忍着直到宴会结束吗？

A. 不会，面子没有舒适重要；

B. 看当时情况；

C. 我会一直坚持，生怕别人嘲笑。

3. 如果想买性感内衣或其他隐私产品，你会尽量邮购，而不是亲自到店里去吗？

A. 没什么，我会去店里；

B. 看是什么产品；

C. 一定邮购，绝不去店里，因为我怕丢人。

4. 你认为对异性来说，自己是一个很棒的情人吗？

A. 是的； B. 不清楚； C. 绝对不是。

5. 购物时，如果店员的服务态度不好，你会告诉他们经理吗？

A. 不会，这没什么； B. 看具体情况； C. 立刻投诉。

6. 你是一个经常欣赏自己的照片，或者经常因自己的某些特长、优点而骄傲的人吗？

A. 经常会； B. 有时会； C. 从不这样做。

7. 别人批评你，或者被众人（多数人）否定时，你会觉得难过吗？

A. 不会； B. 有时会； C. 总是很难过和自卑。

8. 即使反对者众多，你会坚持对人说出你真正的意见吗？

A. 坚持说出来； B. 看情况再说； C. 不会再开口。

9. 你总是觉得自己在某一方面比别人差吗？

A. 从来不觉得，甚至完全相反；

B. 偶尔有这种感觉；

C. 总是有这种感觉，很苦恼。

10. 目前的工作是你的专长吗？

A. 是的； B. 不确定； C. 不是。

◆天才的第一特征是自信。所以你不妨经常提醒自己："我在优点和长处各方面并不输于别人。"要特别强调自己的才能和成就，提高自己对抗压力、外界非议和坚持选择的能力。在这个基础上，你的高强度训练才会有正面的成果，体内优秀的天赋才能充分地得以成长。

章总结：天才的第一特征是自信

对天才而言，自信不仅是一种信念和一种魄力，而且是对自己的优势所具有的独特的信心。唯有那些有足够底气和抗压能力的人才具备这种自信。自信是对于我们自身能力的最佳肯定，也是我们战胜困难的动力源泉。只要有强大的信心支持，就没有我们干不成的事情。相反，如果失去了信心，再容易的事情对我们来说也是很难完成的。

自信在人的学习和对技能的培训中，也发挥着举足轻重的作用。一个自信的天才，不但要为自己负责，更要对整个社会负责。天才的自信充分表现在对于愿景的坚持和实现上。他坚信自己的愿景一定可以实现，并把这种信心强度不变地坚持下去，传递给身边的人。在这个过程中，他会对自身提出更高层次的要求。这对个人无疑是一个促进，对环境的改善也具有一种强大的推动力，能够让自己与其他人一起实现进步。这种同步性的自信是上天给予天才的额外奖励。

在本章中，所有的技能和原则都围绕信心讲述。自信是我们评价天才的一个标准，但我们是否就此推断，拥有自信的天才就一定能充分地发挥出自己的才干、取得成功呢？答案显然是否定的。自信与天赋的发挥有密切的关系，没有自信的人肯定不会成为一个天才，甚至连一般的普通人也不如，但拥有自信却盲目自信的天才同样无法取得他计划中的成就。

第一，如果自信不足，天赋的发挥就打了折扣。

能力发挥不出来，你就做不到很好地处理现实问题，也不能征服别人，取得大家的认可。如果一个人的自信不足，对于自己的发展前景便不能做长远的规划，他的特长和能力便得不到有效的施展，事业显然不会有太大的成功。

第二，有些人自信不足，但他的天赋出众。

有些人自信不足，但他的天赋出众。这样的天才也很难有大的作为，因为天赋出众固然是一个基础的条件，但人的信心却从根本上决定着一个人天赋和能力的最终水准。

第三，有些人自信爆棚，但他的天赋不足。

这里的天赋不足是相对于他的自信心而言的。有些人的能力其实不错，业务做得很好，但坏就坏在他过于强大的自信心上。信心与能力不相匹配，这种时候的自信就成了自大。错误地估计了自己的天赋和解决问题的能力，就可能掉进自己挖的坑里。因此，信心和天赋是一个正比的关系，它们的数值不能相差过大。

一个人所要达到的最佳的境界，是自信与天赋相得益彰。自信心足够，能力也很出众，这样的人就会很容易地在某一个特定的领域内坚持不懈地努力，最终走向成功。天才的自信从哪里来，如何产生？从本质上说，自信与人的自我修养有关，可以被视为人的一种基于生理上的心理素质。所以，自信是可以后天培养的，通过学习、教育和实践等多种活动，任何人都能拥有强大的自信，激励和发挥自己的优势。

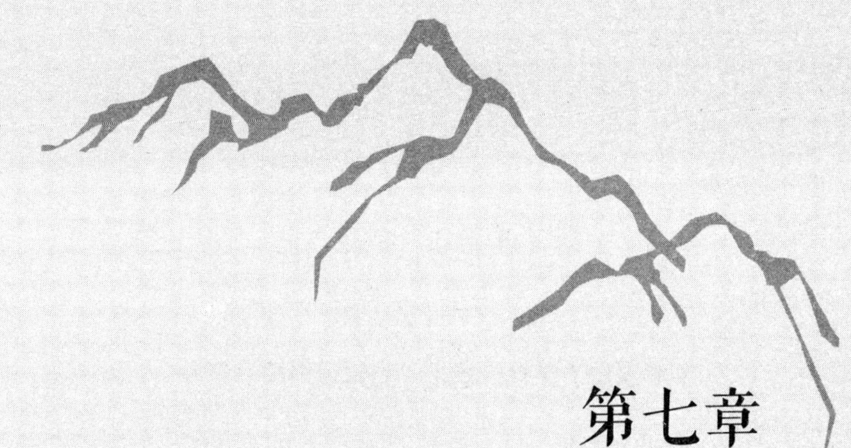

第七章

总有人比你更孤独地努力，只是你没看见

——没有什么比“不错”更害人的评价了

一、当有了“差不多可以”的想法时，你已经掉队了

（不要满足于现有的成果，要设定更高的目标）

现在，“我做成了什么”是现代人在社交和工作中时常挂在嘴边的口头禅。为了证明自己的价值，人们将很大一部分的精力放到总结、包装过去的成就上，生怕别人不知道自己的资历和能耐。

“我很努力，取得了一些成就，很不容易，差不多就可以了吧？”这是一个普遍的想法。但是，一个人若是完全满足于现状，那就会变得无所追求，失去积极向上的精神状态，没有了锐意进取的驱动力量，其个人水平的提升就会中途而止，天赋的开发也就无从谈起。你要学会不满足于现状。因为一切的进步都是从“不满足”开始的。

1. 不要将自己的目光仅仅放在眼皮底下，而要从长远的角度规划自己的人生蓝图。

2. 要把我们眼前的工作看作是这个长期规划中的一段必须经历的过程，明天永远有更高的目标。

（当你盯着过去时，有人在盯着将来）

能力的进步要用“将来进行时”衡量。在建立目标时，要设定“超过自己能力之上的指标”。这是我的主张。就是说，要设定一个现在自己“不能胜任”的有难度的目标，然后围绕这个目标进行高强度的专项训练，投入无限的激情——“我要在未来某个时点实现这个目标，成为这个领域最好的人才！”你要定下这样的决心，为之付出最艰苦决绝的努力，比你看到、听到

的任何人都要努力。

然后，在努力之前和努力的过程中，想方设法提高自己的能力，以便在“未来这个时点”实现既定的目标，将自己在这一领域的特长无限地发挥出来。如果只用自己现有的能力来判断并且决定“能做”还是“不能做”，那么，你就不可能挑战新事业，或者实现更高的目标，也就无法开发自己全部的天赋。

你要有这样的决心：“现在做不到的事，今后无论如何也要达成。”如果我们缺乏这种强烈的愿望，就无法开拓新的领域，无法实现更高的目标。假如你在完成一个阶段的学习、训练和工作后，满意地对自己说：“我已经很了不得了，差不多就行了。”那么，你事业的末路也就随之到来了，人生从此会进入一个漫长的停滞期。

我采用**“能力要用将来进行时”**这种表述方式来阐述这一观点——当你盯着过去时，比你更孤独努力的人正盯着将来，每个人均具备无限的可能性。也就是说：一个人的能力有无限伸展的可能；一个人的天赋也有无限开发的概率。我们的天分是没有上限的。请坚信这一点，面向未来，描绘自己人生的理想，不要满足于今天既有的成就。

（不要怕没有机会展示成就，等你比今天更强的时候再说）

还有一些人，他们不是对过去的努力和成果感到满足，而是喜欢轻易地放弃，对自己的付出和能力的上限盖棺定论。例如很多人在自己的工作和生活中，刚遇到一个小小的挑战，就很轻率地下了一个结论：“我不行，我可做不到。”

这是因为，他们仅以自己现有的能力判断自己“行”还是“不行”。事实上这是错误的。因为人的能力，在未来，一定会提高，一定会进步。我们今天在做的令自己比较满意的工作，在几年前来看时，你可能也会惊讶而畏惧地发表投降感言：“我不会做，我做不好，我根本无法胜任。”但是到了今天，你不是也觉得这个工作并没有想象得那样艰难，反而挺简单的吗？因为你经过高强度的付出和工作过程中的重复训练，现在对此已经驾轻就熟了。

人是一种可塑性最强的生物，在各个方面都会不断地进步。在我们最擅长的领域，天赋更会无限地伸展——只有你想不到，没有你做不到。所以不要有退堂鼓的想法，因为在你犹豫不决时，别人很可能正悄悄地加倍努力。

不要这么说："由于我没有学过，没有知识，没有技术，也没有天赋，因此我不行。"要这么思考：

> 因为我没有学过，所以我没有知识，没有技术。但是，我有干劲，有信心，所以明年一定能行。而且就从这一瞬间开始，努力学习，获取知识，掌握技术。将来密藏在我身上的能力一定能开花结果。我的能力一定能增长。

绝对不要对人生抱有消极或自满的态度。当然，认为自己的人生就将以碌碌无为而告终，这么想问题的年轻人并不多。大多数年轻人都拥有美好的梦想和热情的干劲，也都对自己的能力有一定的信心。但是，一旦面临实际的困难问题时，人们的想法就会有所松动。许多人可能就会脱口而出："哎，我不行！"（消极）或者是："已经可以了，没必要再向上爬了。"（自满）

绝对不要说"自己不行"或者人为地设置上限。面对一个难题，你首先要做的就是相信自己。"现在也许不行，但只要努力一定能行。"参照那些成功的案例，看看优秀的成功人士和天才人物是怎么做的。首先你要相信自己，然后必须对"自己解决问题的能力怎样才能提高"进行一次具体深入的思考。只有坚信自己，并且坚持不懈地进行针对性训练，才能够来打开天赋极限的大门，成功才会向你招手。

二、最可怕的不是有人比你天分高，而是天分高的人比你更努力

（要把自己训练成天才，就必须付出百倍的努力）

“他无非就是有天分而已，没什么了不起。”错！他不仅比你天分高，而且比你更努力。当你周末呼朋唤友去踢球时，他一个人在书房或办公室闷头苦干 3 个小时。每周都比你多 3 个小时，一年下来就多出了六七天。

“这点时间”能干什么？

能读一本 10 万字的书，写下 5 千字的读书笔记。

能学一门兼职的手艺，比如考下会计资格证书。

能练出一个健美的身材，或者提高自己的足球技巧。

……

你的世界中有“你”和一群“他们”。他们好像和你一样，一边努力工作，一边也尽情享乐。也许你只是看到了后者，并认为你们是一类人。但事实或许是：你必须再付出 10 倍的努力，才能和他们一样，因为他们做的许多事情是你没有注意到的。这些人在工作时看起来毫不费力，展示了出众的天分。你把它称为天赋，输得心服口服。可问题并没有这么简单。在你看不到的时间里，他们积极自律，每天按计划行事，有条不紊，从不张扬，把自己当成最卑微的一个行者，用你想象不到的付出来锤炼自己的技能。

早晨 5 点，他们起来跑步健身、准备工作资料时，你在睡觉，美梦刚进入中段。

7 点，他们开始享受一顿简单而富有营养的早餐，为自己新的一天开一个好头。然后当他们收拾妥当，开始一整天的工作时，你还在睡觉，美梦刚

进入收尾阶段。

上午 10 点，他们用 2 个小时的时间高效地完成了一个又一个任务，甚至发现新的商机，和有可能给人生带来改观的机遇时，此时你终于准备起床了。

中午 12 点，他们带着沉甸甸的收获开始了午餐，一边吃饭一边和客户通电话，商讨合同的签署事宜，约定下午碰面的时间。此时你在起床之后感觉到了饿意，草草地洗了一把脸，甚至连牙都没刷，胡子也没刮，就打开冰箱，拿出了昨晚跟朋友聚会时带回来的薯条以及可乐，开始了自己一天中的第一顿饭。

下午 2 点钟，他们重新积极地投入工作，干劲热火朝天，而你也终于吃饱喝足，坐在了电脑前，或者准备出门。是的，你的一天终于开始了。

晚上 9 点，他们回到家中也打开了电脑，也许是为了完成白天没来得及做完的工作，也许是因为前两天刚刚报了一个网络课堂，对自己进行专项提升。此时你还沉浸在某款游戏中，或者刚察觉自己在朋友圈发的帖子还不够有人气，或者正关心电视剧中的男女主角什么时候能在一起，你正为了一堆不相干的事耗尽脑细胞。

晚上 11 点，他们停下了一天的努力，去满满的书架上拿下了一本书。也许没有看书，而是拿起了自己心爱的乐器研究乐谱，在书房练练书法，或者再温习一下某些培训教材，然后在睡之前认真地想一想，自己在这一天都做了什么，有什么收获，又有什么教训，满意地进入了梦乡。此时你正在更新游戏版本，挪动书桌的位置以便更舒适地欣赏网剧，你的一天才刚刚开始变得精彩起来。

凌晨 2 点，他们从梦中惊醒，想到了什么，然后伸手拿过枕边的纸和笔，记了下来，又匆匆入睡。此时是后半夜，你隐约感到了困意，纠结了半小时后，依依不舍地关掉了电脑，懒得去洗澡，钻进乱糟糟的被窝。你准备睡觉了？不，你拿起了手机。直到凌晨 4 点，你才心事重重地睡去。

你看，事情的进展就是这么简单、随意和不被人敏锐地察觉，一切都是悄然并自然发生的，并不会“惊天动地”地宣告你与他们有多么不同。你们各自习惯这种生活，而你也隐约地知道自己的身边有那么一群“他们”。可是你却没有办法实实在在地感受到他们的存在，也不清楚他们如何度过自己的一天。直到有一天，在某些特定的场合，你和他们终于碰面了。这时：

他是成功的音乐家，你是普通的打工仔。

他是拥有 MBA 学位的优秀管理者，你是弱爆了的部门职员。

他见多识广，知识渊博，过着你想过的生活。你羡慕的同时抱怨自己没有天赋，没有人脉，没有机遇。

事实就是这么简单，他是天才，你就是那个被手机屏幕映红双眼的具有天分的普通人。如果你再不做出关键的改变。

最可怕的不是他们的天赋比你高，而是在天赋比你好的情况下，他们还比你更努力，甚至是多出 10 倍、100 倍的努力。在你看不到的时间和地方，你想象不到这些优秀的人是怎么付出努力的。在很多时候，你可能认为自己已经全力以赴了，但站在宏观的角度和别人对比时，你才能发现——这些努力仅此而已，并没有达到极限的程度。

有一个猎人带着猎狗去打猎。猎人在森林里看到一只兔子，砰的一枪击中兔子的腿。猎狗嗖的一下追出去，兔子撒腿就跑。猎人心想十拿九稳，点燃烟斗倚树等待。谁知猎狗没追上，猎人破口大骂：“你这笨狗连个三条腿的兔子都追不上？”另一端，兔子成功地逃脱，回到窝里。兔子的亲人询问他一条腿受伤了怎么还跑得了？兔子说：“狗只是为了主人的奖励，顶多回去被骂，尽力而为之。我是为了保命，逃不了就被吃了。我必须全力以赴，拼命而为之。”

猎狗与兔子，这是我最喜欢的故事之一：努力的程度不同，得到的结果

也就截然不同。两个人都有相同的天赋，付出的努力程度决定了他们成为天才的概率。

现在，先停下手中的事情认真思考一个严肃的问题：你在学习和做事时只是为完成任务的“**尽力而为**”，还是一种力求完美、突破自我的“**倾尽全力**”？

很可能你在大部分时间中都觉得自己十分努力了，事实却未必如此。因为多数人在重复训练中会产生一种错觉：我这么累，一定是该休息了。因为大脑偷懒的冲动，你可能错误地认为自己已经拼尽全力。

有一次，伯克利有位成功的企业家在参加电视节目时，讲到自己年轻时的目标就是进入普林斯顿大学。为了实现这个目标，他在考试前的两年中，基本每天只睡 3～4 个小时。由于太缺乏睡眠了，他干什么都能睡着。为了不睡觉，各种办法都尝试过，几乎每个办法都是无效的。最后，他总结出了一个诀窍，就是在特定的时间内喝大量的水，算好内分泌的规律，这样就算中途不小心睡着，尿意也会把人憋醒，而且必须起来去方便。等尿完再喝大量的水，然后开始看书。对一个十几岁的孩子而言，这是魔鬼一般的残酷训练。他就凭借这个方法坚持下去，直到成功地考取普林斯顿大学。

爱迪生有句名言说：“天才的成就，百分之一是靠灵感的到来，百分之九十九是靠努力。”美国畅销书作者汤玛斯·史丹利在他的著作《百万富翁的智慧》一书中，也提出“比大多数人更加努力”是一个人能够成功的五大因素之一，并且比天赋的排名还要靠前。

（比优秀的人更努力，你才能变得优秀）

萨拉赛特是 19 世纪西班牙著名的小提琴家。他成名以后有人问他：“你真是一个天才啊！有什么成功的诀窍，可以和大分享一下？”他听了，十分感慨地说：“天才！这话从何而言？这三十几年，我每天至少都花 14 小时来练琴，而且从不间断，你们却说我是天才！真是奇怪。”

他又解释说：“如果真要有什么成名的诀窍，那就是额外的努力。别人只用了一分的努力，而我却是用十分，甚至百分的努力。所以我幸运地成名了。”

就像萨拉赛特说的，在你看得到的地方，如果注意观察，一定能发觉比你更加努力的人。我住在洛杉矶东部的一个社区时，楼上住了一个年轻人。每天早晨的 6 点钟，楼上就准时地响起了一阵重重的脚步声，他起床下楼了。到了 7 点钟，就会听到自来水冲到空桶里的声音，就算周末也是如此，从不改变。我不用设闹钟，听声音就知道是几点钟，非常准时。我和他碰过面，他精神抖擞，气质非凡，仿佛身上有使不完的劲。

有一次，我问他是怎么回事。他不好意思地解释说，就是每天晨跑，回来之后冲一个凉水澡。注意，是每天。一年有 365 天，他从不间断，一直坚持这种生活方式，遵守与时间的约定。然后呢？他的身体非常健康，这也是一种天赋的修炼。当你在抱怨自己爬两层楼梯就气喘吁吁、想锻炼也没时间时，他是怎么做到的呢？为什么你做不到？正是在这些环节，人和人的优秀与平庸就体现出来了。

这些年来，我在世界各地见到了许多优秀的人才，也看到了很多务实能干的人，听到了一些真实的故事。这些成功人士的奋斗经历无不表明：比优秀的人更努力，你才会更优秀。明白了这句话，你就知道天赋并不是成功最核心的要素。对一个人所能取得的成就而言，在天赋之上的努力程度才是最有决定性的。

（即使到了极限，也不要降低对自己的要求）

在一次访谈中，前重量级拳王传雷日（Joe Frazier）一针见血地指出“更加努力”对于成功的重要性。他认为，平时的训练和练习绝对不能偷懒，人一定要比对手更加努力才可以，否则就有可能随时被对手超越。他说：

“出赛前，你大可拟妥一份作战计划。虽然计划可以让你信心十足，不过

当战斗展开时，事情也许不会如你所预料的情况进行。所以，临场反应非常重要。你的反射动作好不好，完全要看你平时的训练做得怎么样。你的体能训练成果在此时将完全显现出来。如果你平时的努力不够，偷懒和怠惰，所有的弱点也会在此刻完全表露无遗。”

人在极限状态时很容易降低对自己的要求，产生一种“我可以休息一下”的自我安慰心理。当你降低了自己的要求，放弃了自己的追求，自然也就满足不了自己的要求，得不到自己的所求。这时，天赋的开发就停止了。永远不要以为自己够努力了，或者觉得这种努力可以换取回报了——这是危险的想法，因为总有人是比你更努力的。如果你连这一点困难都承受不了，不能突破自己的意志力，就很难想象未来你能取得多么高的成就。

我们可以回看自己过去的生活，在很多时候我们都是无欲无求的，对于身边其他人的努力缺乏认知，不清楚应该如何做才能开发出自己极限的能力。在读书、工作或参加特定的培训时，心底深处的梦想越来越模糊，一天比一天失落（这是人们 25 岁以后共同的心理轨迹），对于自己的过去充满遗憾，好像还没有真正的活过，也没有找到自己最想做的事情。但是归根结底，无论现实如何变化，都不要降低对于自己的要求。高标准的自我要求和不设上限的努力，才能保留取得突破的机会。

总的来说，人们都需要遇到一些让我们决心变得优秀的人——他们对我们有强大的示范作用，让我们觉悟到自己落后了如此之多，让你从美梦中惊醒：比自己优秀的人都如此努力，为什么我还要坐在这里为一点点休息时间纠结不停呢？

三、制定一个不可思议甚至让人嘲笑的高目标

（别害怕目标太高，所有的天才都是从这一步开始的）

10 年前，当刘强东决定京东自建物流时被人嘲笑。就连公司的投资人也有强烈的反对意见。

10 年前，当马云为中国和全球的电子商务规划蓝图时被人嘲笑。许多人觉得这是一个痴心妄想。

现在 10 年过去了，刘强东和马云早就实现了他们的目标。当初嘲笑他们的人如今又在干什么呢？

对于一个有志向、有天赋和愿意付出最大努力的人来说，你所做的事情或许暂时看不到成功，但不要灰心，因为几乎所有的天才人物都必然经历这个阶段。天才看到和制定的目标总是被世俗嘲笑，被很多人所不理解。有些目标看起来不可思议，简直就像痴人说梦，但正因为如此，能实现这些目标的人才被称为天才。

（不一样的高度，会看到不一样的风景）

一个人站在平地上，只能看到与自己平行的的风景。这时眼睛一眨，风景就消失了。站到稍微高一点的地方，不仅可以看到与你平行的风景，还可以向下看，向远处眺望，风景比平地要美得多。如果能站在更高的地方，你远看壮丽的平川，俯视山河，仰望蓝天白云。此时的风景，不是我们的语言可以描绘的。

我们站在不同的高度，就能看到不同的风景。高度不同，视野也有差异。同时，这些风景的好坏也取决于你的心态。心态平和的人，会觉得风景越来越美，我们为之付出的攀登之苦也没有白费。在欣赏美丽风景的同时，你也

会感激自己的付出，并为自己的努力而自豪，对此没有遗憾。如果心态不平和，你会觉得风景没有随着高度的改变而改变，会为自己的付出而懊悔。

这是人之常情，人们在付出的同时总是希望回报。如果暂时看不到回报，就可能放松对自己的要求，甚至完全停止努力。但是，看风景不是目的，重要的是在欣赏风景的同时，对自己所处的位置有一个正确的认识——**你能欣赏到什么，看不到什么？为了实现最终的目标，你愿意付出什么样的代价呢？**

1. 敢于挑战新的高度，制定更高的目标。

我们要在欣赏风景的同时，敢于去挑战新的高度。制定一个具有更高难度的目标，可以有效地激发我们的潜能，并且通过付出更大的努力，比别人更快速地提升自己的技能，获得更多的回报。因为只有站到更高的高度，我们才能看到更美的风景。

2. 要明确什么是你能做的，什么是不能做的。

因此，不要害怕目标定得太高和太远，只怕没有追寻目标的勇气、热情和执着。只要心头时时燃烧着坚定的信念，一往无前地走下去，你就会惊讶地发现——很多所谓的远方，其实距离我们并不遥远。不过在此之前，一定要明确自己能做什么，不能做什么。有了正确的方向和选择，你的目标才有价值，努力才会有回报。

四、从训练“上进心”开始

（如果没有上进心，天赋一文不值）

在由中国教育电视台主办的一档大学生益智节目《天才知道》中，来自武汉大学的马鸿旭夺下了总决赛的桂冠。在这个节目的常规比赛中，他以单场 1100 分的成绩创下了一个记录，而且一题未错。最后，他成为该节目第一季的“冠军天才”。比赛结束后，记者去采访他，让他用三个词形容自己。

马鸿旭说：“亢奋、靠谱、进取心。在别人眼中的我是个很亢奋的人，对一切事物都保持着高度的好奇心和进取心。”

天才没有一颗上进的心，天赋就成了一个只出不进的账户，坐吃山空，早晚有耗光的一天。上进心也是可以训练的，只要我们把它当作一种灵魂的实物。但许多人对其缺乏深刻的认知。如果一个人不关注自己的上进心，不去训练积极进取的精神，那么就算他有一定的天赋，也不会有用武之地。

IT 天才王小川是搜狗公司的主导者，也是搜狐总裁张朝阳最信任的得力干将之一。他对于搜狗有着出乎人的意料的坚持。从不被看好到数次拒绝 360 的收购，再到阿里巴巴和腾讯都为他进行投资，王小川对于这一领域的狂热和上进表现得淋漓尽致。他曾经说过一句话：“这对我自己而言（这项事业）就像登山。你知道最终目的是对规律有更多认知，有更熟练的掌握。不管是在搜狗还是去其他公司，都是对于技术理想及管理理想的实践。只要今天在搜狗依然有机会实践，我就会一直做下去。**到我死掉那天，才是终点。**”

到死掉那天，才是上进心的终点！这是一个成功天才的宣言，也是对普通人的启示。就像奥里森·马登在《高贵的个性》一书中所说：

“幸福大陆的海滩上到处都布满了航船的残骸，其中的很多船都是由那些具有非凡能力的人驾驶的。对于那些人来说，他们缺少的是勇气、执着和信心，因此他们没有成功。他们的结局反而不如那些能力较差的冒险者。那些人因为充满了坚定的信心而取得了最后的成功。对于那些起初满怀希望，到后来却以失败而告终的人们，如果探究其中最主要的原因，那就是缺乏进取心与意志力。”

如果一个人缺乏足够的进取心与意志力，他就会像一部没有蒸汽作动力的汽轮机一样，即便雄心万丈，擅长纸上谈兵，也没有办法前进。他的天赋如同年久失修的发动机，或者是停止运转的螺旋桨，起不到丝毫的作用。

1. 训练上进心，需要听从内心最原始的召唤。

人们通常很早就意识到“进取心”在叩响自己心灵的大门。这对天才和普通人都是一致的。上帝公平地对待每一个人。我们在小时候、青春和成人的不同阶段中，都有着形形色色的渴望和目标，也愿意为之付出一切。但是，如果说你不注意它的声音，不给予它鼓励，不重视它诉求的细节和天赋成长的迹象，它就会渐渐远离你，直至丧失所有的积极进取的动力。

正如其他未被利用的功能一样，人的“雄心壮志”也会退化，甚至尚未发挥任何作用就消失得无影无踪。当你发现自己在拒绝这种来自内心的召唤时，就要引起警惕和注意了，因为这意味着你开始失去对人生最基本的欲求。你很可能已对现状感到满足，对于提升自己不再感兴趣。想改变这种局面，训练自己的上进心，你要做的第一步就是重新听一听内心最原始的召唤，认真地听一听她想让你做些什么，重视并努力实现那些看起来离奇而超出现实条件的目标。

2. 永远向更强、更聪明的人看齐。

假如你总是这样——拒绝听从内心的声音，压制天赋的成长。那么，这种声音就会越来越微弱，直至彻底消失。到了那时，你的进取心也就永久衰竭了。当你听到召唤的声音时，当你发现和认同自己的目标，接下来要做的便是向更强和更聪明的人看齐——看看他们是怎么努力的，然后比他们更加努力！当这个来自于内心、促使你上进的声音回响在你的耳边时，一定要注意聆听它。它是你最好的朋友，告诉你应该向谁学习，指引你孤独前进的方向，一直走下去，直到取得成功。

五、领先一步就满足了？至少要领先两步！

（天才的“假想敌思维”：总有一个对手比我更努力）

回忆过去，我感到幸运的是，在我人生的第一份工作中，就出现了一个非常强大而且比我更努力的对手。他在工作中压制了我很长的时间，让我时刻活在他才华横溢又勤奋无比的阴影中，但我也因此而得益。他就是位于华盛顿的好市多（Costco Wholesale）公司的销售总监佩利克先生。

作为一位销售天才，同时也是卓越的管理者，佩利克的才能众所周知，他是好乐多集团最优秀的销售人才之一。但他在勤奋的层面也领先于公司的每一名员工，比自己的下属更加努力。每天清晨 7 点钟时，他就已经抵达办公室。这时，大部分员工刚刚准备起床。深夜 11 点时，他才开车离开公司。此时，大部分员工已经上床入睡，或者正在酒吧小酌。

有一次，佩利克对我说：“人的一生会遇到各种不同的对手。我们在学校的时候，总是有人成绩在你之上，或者你稍有懈怠就会被别人超过。等到了社会中，你开始工作，总是有些人比你出色，比你更能得到上司的信任，比你更精通专业知识和技能。好不容易有了自己的事业，成立了自己的公司，你也发现同行业中存在着一些随时可以吞并你的对手。这些都是假想敌，总有一个对手比你做得更好。你要有这样的思想准备！”

佩利克的“假想敌思维”给我留下了深刻的印象，促进了我的成长。在我们的一生中，需要挑战和战胜的“对手”当然远远不止这些。你可能会面临可以把你置于万劫不复的深渊的打击、挫折，甚至是不可逆转的死亡——它终将带走你的生命。但是，你没有必要憎恨或者抱怨那些强劲的“对手”。如果能仔细想一下，你就会发现，真正促使你进步、成功的，真正激励你昂首阔步向前的，不单是自己的能力和顺境，不单是朋友和亲人的鼓励，更多的时候，是这些强大的“对手”用比你更出色的努力激发了你的潜能，促使你不断地进步。

有一位动物学家对生活在非洲大草原奥兰治河两岸的羚羊群进行过研究。他发现东岸羚羊群的繁殖能力比西岸的强，奔跑的速度也要比西岸的羚羊每分钟快了 13 米。而这些羚羊的生存环境和属类都是相同的，饲料来源也一样。

于是，他在东西两岸各捉了 10 只羚羊，把它们送往对岸。结果，运到东岸的 10 只羚羊一年后繁殖到 14 只，运到西岸的 10 只羚羊反而因为没有了天敌，而变得懒惰安逸，致使体弱多病，最终只剩下了可怜的 3 只。

没有天敌的结果是可怕的。即使天赋异秉，也难以在没有天敌的环境中安逸地生存下去。这些生活在东岸的羚羊之所以更加强健，正是因为在它们的附近生活着一个狼群。狼群的强悍激发了它们强大自己的欲望。为了生存，它们必须时刻警惕，努力让自己变得强壮。而西岸的羚羊之所以弱小，正是因为那里没有任何天敌，有的只是丰美的水草。

1. 领先一步并不安全，你必须领先对手两步。

没有天敌的动物往往是最先灭绝的，有天敌的动物则会逐步繁衍壮大。这是大自然的规律，对于人类社会同样适用。敌人的力量会让一个人发挥出巨大的潜能，对手的压迫会让一个人清醒地认识到自己所处的位置，然后努力创造出惊人的成绩。特别是当敌人强大到足以威胁你的生命、足以夺走你全部机遇的时候，你就能时刻提醒自己——**天赋只是起点，努力没有止境。**

现实生活中的很多人总是不停地诅咒对手，或者是因为自己遇到了强大的对手而失魂落魄、无所适从。事实上，你应该为自己有一个优秀的对手而庆幸，为自己遇到的艰难境遇而感到幸运，因为这正是你从竞争中脱颖而出的机会。只要你付出比对手更多的努力，即使不能击败对手，也能使你自己变得更加出色。

2. 用“假想敌思维”激励自己的进取心，永远比昨天的自己更强大。

那些在学习和工作中不断退步、最终一事无成的人就是一群没有天敌、生活极其安逸的“羚羊”。他们也许有出众的天赋，但却没有危机感。无论吃穿住行，都依靠别人（父母或师长），生活和工作中没有更高的目标。天赋就像冷冻的食品，保鲜期一过，就会迅速坏掉，变得再无用处。

所以，要给自己找一个强大的对手，为自己树立一个榜样——和他一比高下。你要不断地激励自己：“我一定要战胜他，一定要打败他！”从而可以激发出自己无尽的潜能，不愧对自身的天赋。正是那些出众的对手，才能使得我们不断追求领先，在千锤百炼当中变得伟大和杰出。

测试 如何提高你的“进取指数”

【10 种选择】

在下面的测试题中，请根据自己的实际情况，选择一个你认为最适合自己的答案。

一、在 1 ~ 7 题中有 5 个备选答案：A. 完全不同意，B. 部分不同意，C. 不能确定，D. 部分同意，E. 完全同意。

1. 和同条件的人相比，你能做出比他们更优秀的成绩吗？(　)

2. 对于能表现自己能力和价值的任何活动你能积极参加而不谦让吗？(　)

3. 别人时刻想超过你，你相信他们有时会采用一些不正当的手段吗？(　)

4. 当你知道和你条件相当的人做出成就时，你有不服气的感觉，并也想做点事试试吗？(　)

5. 你认为，人生就是一场竞争，适者自下而上，优胜劣汰吗？(　)

6. 你十分乐意选择有一定困难、意义重大的工作吗？(　)

7. 你好像不被人接受，即使你出于好心？(　)

二、在 8 ~ 10 题有 5 个备选答案：A. 很弱，B. 较弱，C. 一般强，D. 较强，E. 很强。

8. 如果愿意与别人合作，其合作程度从弱到强为 A、B、C、D、E，你选择什么的程度？(　)

9. 竞争对于成就的作用，从弱到强为 A、B、C、D、E 的话，你认为自己处在哪个程度上？(　)

10. 人们之间的竞争程度，从弱到强为 A、B、C、D、E，你认为自己处

在哪个程度上？（　）

测试规则：每题 A 记 1 分，选 B 记 2 分，选 C 记 3 分，选 D 记 4 分，选 E 记 5 分。各题的得分相加，然后统计总分。

测试结果：

得分在 24 分以下：说明你的竞争意识和进取性较弱。

得分在 25~34 分：说明你的竞争意识和进取性一般。

得分在 35~44 分：说明你的竞争意识和进取性较强。

得分在 45 分以上：说明你的竞争意识和进取性很强，

◆进取心是每一个人（不论你是普通人还是公认的天才）都必须要拥有的品质。只有具备积极的进取精神，你才能忍受孤独和寂寞，朝着正确的目标不断努力和前进，才能让你在工作上突飞猛进，在生活上得心应手，充分发挥出自己的天赋。具备积极的进取心，也能够让我们不断挑战自我，超越自我，实现人生的价值，并且引领他人共同发展。

章总结：比第一名更努力，才能超凡出众

成功的天才往往不是天分最高的人，而是具有一定的天赋并且能付出最大努力的人。在本章中，我们一再强调自我激励的重要性，它可以最大程度地激发我们的潜能，将自身的优势淋漓尽致地释放出来。

第一，时刻克服内心的惰性。

根据大量的研究人们发现，除非受到外力的压迫，否则一个人很容易停滞在一种休息的状态。直到休息不下去，他才会重新振作。但此时经常为时已晚。要克服惰性，最有效的一条原则就在于开发我们的奋斗动力。有了强烈的动力，无论此刻你是什么想法，都有足够的精力投入到当下的目标之中。

第二，把训练当作一种快乐的游戏。

当你完成一件事时，内心就会感到快乐。当你投入一种专项练习时，全身就有愉悦的体验。这正是我们应该追求的状态。一个人只要将工作、培训练习等开发天赋的事项当作是自己最喜欢的游戏，就会心甘情愿地加倍努力，既感到无穷的乐趣，也能收获足够的成果。

第三，对自己提出积极的“自我期许”。

要不满足于现状，要提出更高的目标，永远追求卓越，赶超更优秀的对手，来激发自己的上进心。有句话说：“只有更好才是好。”也就是说，你只有比第一名更加努力，才能变得超凡出众。

第八章

走出舒适区，爱上孤独攀登的生活

——成为杰出人物，就必须付出极限的努力

一、从普通人到天才的成长路线

（热爱你选择的事业，然后义无反顾地投入）

站在普通人的角度，“天才”是一个遥不可及的目标，是人们的谈资，往往也是人们向往和教育子女的榜样。如何成为一个天才？这也是人们普遍感兴趣的问题。我接触过很多各行各业的人，有工薪族、中层管理者，也有公司的高管。每当谈起这个话题时，人们都刻意或者无意识地抬高了天才的门槛。似乎在人们看来，成为天才是一个非常艰难的梦想，大多数人不可能有机会实现。

但我认为，如果你能热爱自己的事业，专注于你的工作，投入万分的热情，这样你就拥有了一个坚实的起点——即便和天才还有一段距离，可是已经走上了自我修习的正轨。带着这个态度开始本书的提升课程，你才不会觉得厌倦。

我们身边到处都有脸上写满烦恼的人。只有三心二意、“三天打鱼，两天晒网”的人才会有烦恼，有内心的孤独，为什么呢？因为他们的心时刻被空闲占据着，无暇开发自己的天赋，不想走出舒适区。人在舒适的时候最容易胡思乱想。因此，要想让自己变得有激情，有梦想，就要让自己忙碌起来，跳进不适的“泥潭”，开展残酷的专项训练。

从普通人成长到天才的第一步，就是专注于自己的工作，并且无比热爱它。

一个人生命的价值不在于他赚到了多少钱，而在于是否利用有限的生命完全开发出了自己的天赋，然后取得了什么样的成就。当然，这里讲到的成就不单单是指物质方面的，更包括精神层面的建树。能够做出伟大成就的人都有一个共同点，那就是十分热爱自己的工作。他们选择自己热爱的事业，义无反顾地投入进去，拼了命地去工作，同时抓住一切机会提升自己，尽己所能挖掘自身的潜能。

专心的人最可怕，因为他的精力利用率是 100% 的。一个人只要热爱、专注于自己的工作，就总能在喜欢的领域有一番作为。

2016 年我到哈佛大学，看到一位企业家回母校演讲，听到他说了这么一段话：

“我们在生活中常常听别人说起成功者都是工作狂，其实他们就是用生命在工作。他们的每一分钟、每一刻钟都在和时间赛跑。为了让生命的价值充分地展现出来，他们就必须用尽全力把工作做好。重要的是，他们热爱自己的事业！”

这就是成功的基础法则。凡取得一些成就的人，他们都十分热爱自己的工作。如果没有激情在里面，即使花再多的时间也不可能成就一番事业。比尔·盖茨如此，乔布斯如此，扎克伯格如此，我也是如此。因此，要想让你为自己骄傲，抛却内心的烦恼，不惧孤独，不让那些忧郁和孤僻的情绪找到自己，那么就要时刻充满激情、全身心地投入到工作中，提升独特的技能。只有事业才能展示出我们的价值，只有热爱才能开发出我们的天赋，让我们成为与众不同的人。

每个人在自己的一生中都会有很多的梦想，但不可能每个梦想都会实现——**我们能做的就是专注于一个适合自己的梦想。**所以找到自己最喜欢做的事，然后通过自己的努力去实现它——这比研究“如何成为天才”来得更为实际，也更有利于我们实现成功的自我修炼。你没看错，即使实现一个很小的梦想也算成功，也是从普通人迈出的一大步。当你成功地迈出这一步时，就远远地超过了那些只会空想的人。因此，从现在起开始热爱你的工作吧，它会带给你意想不到的惊喜。在这种热爱中，你一定能找到自己天赋的种子，并且给予它茁壮成长的空间。

（战胜不适，享受投入的过程）

我们的基因内都有惰性的存在，也潜藏着随遇而安的惯性思维。这决定了人是追求安逸的，一旦受困于环境，就会寻求一切机会使自己进入舒适的状态。我们都是在和自己较劲。只有把性格和习惯完全控制在自己的理智之下，做任何事情才会相对更有效率一些。

在本书即将完结时，我泡了一杯茶，用一个下午为自己制订了未来 6 个月的计划。这是对又一个秋冬的期待，也是对自己过去半年的总结。我深知，一个人在坚持高强度的专项训练过程中会有种种不适，会有种种困惑和怀疑，产生强烈的否定的想法。这种不适、困惑、怀疑和否定有来自外界的，但更多的是来自于自身的；有来自于身体的，但更多的是来自于心理的。

要享受这种枯燥、孤独的投入过程，要爱上孤独，转变对不适的看法，才能真正地坚持下去。坚持不是仅依靠几句心灵鸡汤就能持续的——无论是一个简单习惯的养成，还是一个根深蒂固的坏习惯的戒除，都如同抽筋扒皮一般的痛苦，因为它们很可能已经融入进了你的血液。

旧的习惯虽然难改，但并不是不能改。只是我们需要自己有那种决心、毅力来跨过最初的痛苦期，当这种习惯融入我们的本能和基因以后，就成为一种稳定的精神属性。

1. 时刻提醒自己——必须要干的事情不能遗忘和拖延。

我将自己撰写的计划（月、周和每日计划）在每天早晚都读一遍，自己每天制定的任务本随身携带。上面记载着近期我需要展开的专项练习，是必须要干的事情，不能遗忘和拖延。比如，我要坚持学习法语，那么在前一天晚上就要做好准备，把教材放在书桌上，在规定的时间坐在那里，并按照计划高质量地完成学习课程。

2. 果断地行动——重要的是战胜开始行动前的犹豫。

如果让犹豫形成一种习惯，行动就成了“习惯之笼”中的困兽。为什么有些天赋极佳者最终未能取得正果呢？很大一部分原因就是，他们明明有一些奇思妙想，具备很大的优势和很出众的特长，却没有及时地行动起来。在最容易做决定时，他们选择了犹豫。最好的时机一旦错过，即使天才也不可能从头再来。

我的建议是，让行动养成习惯，训练果断行动的能力，并让大脑顺从于这个习惯，形成快速反应机制。因为做一件还没有养成习惯的事情，我们的大脑就会天然地逃避，潜意识中就会冒出“等会再做”的想法。遇到这种情况时，你最好什么都不要想，把自己当作一个机器人，立刻机械化地去执行任务。

例如，当我制订了清晨起来学习法语的计划，在早晨五点半闹钟响起时，头脑中就会有种想要再躺一躺的感觉，眼睛都不愿意睁开，甚至一度想关掉闹钟，继续酣睡。不过没关系，你可以这么做——当听到闹钟响起的一刻，你就像一个机器人一样骤然坐起来，迅速洗漱，然后坐到书桌前。重要的是别给自己犹豫的时间，在无思考的状态下果断起床。养成这样的新习惯是艰难的，但经过高强度的反复练习，实现这一目标并不困难。

3. 用意志力坚持下去——战胜过程中的疲惫与痛苦。

天才物理学家霍金在十三四岁时已下定决心要从事物理学和天文学的研究。17岁那年，他获得了自然科学奖学金，顺利入读牛津大学。学士毕业后他转到剑桥大学攻读博士，研究宇宙学。不久他发现自己患上了会导致肌肉萎缩的卢伽雷病。由于医生对此病束手无策，起初他打算放弃从事研究的理想。但后来病情恶化的速度减慢了，他便重拾信心，排除万难，从挫折中站起来，勇敢地面对这次不幸，继续醉心研究。

20世纪70年代，他和彭罗斯证明了著名的奇性定理，并在1988年共同获得沃尔夫物理奖。他还证明了黑洞的面积不会随时间减少。1973年，他发现黑洞辐射的温度和其质量成反比，即黑洞会因为辐射而变小，但温度却会升高，最终会发生爆炸而消失。

20世纪80年代，他开始研究量子宇宙论。这时他的行动已经出现问题，后来由于得了肺炎而接受穿气管手术，使他从此再也不能说话。现在他全身瘫痪，要靠电动轮椅代替双脚，而且说话和写字要靠电脑和语言合成器帮忙。

虽然大家都觉得他非常不幸，但他在科学上的成就却是在他病发后获得的。他凭着刚毅不屈的意志，战胜了疾病，创造了一个奇迹，也证明了残疾并非成功的障碍。他对生命的热爱和对科学研究的热诚，以及在整个过程中的意志力，值得我们所有人学习。

当我们刚开始坚持一个正确习惯的时候，这个习惯往往会带来不适。它是高强度、枯燥和经常重复的，不可避免地会让人感到疲惫。例如，想养成阅读的习惯，在捧起一本书开始阅读的时候，往往不到20分钟就昏昏欲睡。体育锻炼也是这样，踢球不到20分钟时，就很想停下来休息10分钟。当你停下来休息时，又想把手机拿出来，这时你完全忘记了自己来球场是锻炼身体的。

精神的疲惫比身体的劳累对意志力的影响更大。有一段时期我进行跑步的专项训练。那时我给自己约定：我必须持续跑，不能停下来，让意志力始终保持下去，一旦停下来我就可会前功尽弃。为了维护意志力，我规定自己只跑步半小时，以后再慢慢地增加运动量。这是高强度训练中需要遵循的一个小技巧——在特定的练习中，为了战胜疲惫，最好的方式就是控制训练的量，循序渐进。

回到阅读中，假如你要养成阅读的习惯并从中学到知识，在刚开始时就不要给自己定下每天学习两小时的任务。你完全可以先制定一小时的任务。在这60分钟的阅读时间中，为了保持高质量的阅读，你可以在中途进行一次短暂的休息，也可以泡一杯茶喝，或者在自己的书房走上几圈。

4. 挑战不适感——在不适中突破过去的自我。

总有一些人夸大了坚持的力量。他们一定以为，只要在精神层面坚持住，人的身体和心理就能马上产生一定的愉悦感。他们试图强行闯关，一举突破障碍。事实并非如此，在挑战不适时，过于激烈的计划有可能适得其反（虽然并非所有人都如此）。

比如，你在周一才开始跑步，那么这一天早晨的跑步，可能会让你一整天都昏昏欲睡，工作打不起精神。你会怀疑因为晨跑让你少睡了一小时才造成的。你也可能怀疑是不是自己的身体已经差劲到连半小时的跑步都承受不了，周二是否应该改成散步的锻炼方式。你当然还可能会认为在早晨跑步呼吸了都市的雾霾造成的。总之，**不适感让我们怀疑一切，进而否定自己的既定计划。**

遇到这种情况应该怎么办呢？我在北京有一位朋友李先生。他觉得自己越来越胖，肚子开始发福，就决定去健身房健身，通过锻炼来减肥。刚开始，他很勤奋，连续健身坚持了一周，处于亢奋的阶段，但身体状态反而变差了。于是他开始觉得全身疲乏，在办公室经常打瞌睡。这时，他在网上查了很多资料，后来发现中医理论认为晚上健身越练越差。李先生对我说："看来我要改掉这个习惯，还是不健身了，用其他方法减肥吧。"他想自我说服，回到舒适的状态中去。

这就是问题。不是每个人都有勇气挑战不适，突破过去的自我。过去的思维和行为模式是如此强大，以至于一丁点的挫折就会让你缩回脑袋，寻求它的庇护。在坚持重复练习的过程中，一定会有很多意想不到的不适感，但很多不适感都是我们的大脑臆想出来的。大脑想制造假象说服你回到过去——那种模式是舒适的，你待在里面已经很习惯了。此时千万不要相信。我的建议是：不要给它卷土重来的时机，列举坚持练习的好处，用那些看得见的收获说服自己。

我对李先生说："你可以告诉自己，并在纸上写下来，再坚持 15 天或 20 天，身体上的积极反应便会如约而至。要在不适的感觉中给自己的大脑提个醒，告诉大脑这是必然而又短暂的一个阶段。然后，你可以一条条的列举健身的收益。这些收益是你在过去做梦都想得到的。现在它们就在眼前，你为何要放弃呢？”

通过必要的“夸大收益”，激励自己进行重复的专项训练，提高自己的专业技能或者在某方面的能力。重要的不是我们能够坚持多久，而是为了学习并拥有那些出类拔萃的人物所独有的品质。

二、你还在懒洋洋地走路、玩手机和追剧吗？

（走出舒适区吧！现在你还有时间）

今天的世界十分精彩。相比过去，有数不胜数的工具和方式能让一个人永久性地处于舒适区中，忘记压力和责任。不知道从什么时候开始，智能手机也俨然已经成为我们生活中极其重要的一部分。人们无聊时玩手机，聚餐时玩手机，睡前玩手机，睡醒了玩手机，甚至走路的时候也在盯着手机。于是，手机创造出了一个舒适区，在一天的大部分时间内它让你把一切重要的事项抛到一边（除非上司和客户打来不得延迟的电话）。人处在这种状态中，整个人都是懒洋洋的，彻底变成了手机的俘虏，过上了完全被手机束缚的生活。

人们今天在用无比专注的态度着迷于电子设备。不管是走在大街上还是去咖啡馆，或者是在家庭的餐桌、沙发以及临睡前松软的大床上，人们总是低着头，旁若无人，安静而又熟练地挥动着拇指，敲击着屏幕，拨动着网页，翻阅八卦新闻和照片。即便房间里有许多人，气氛也会安静到一种诡异的程度。

隐藏在这些举动、神情和思考的后面，是由互联网构筑的虚拟时代正在剥夺人们正确地对待生活和时间的能力，也忽视了对于自身潜能的开发。这个世界究竟缺少了什么，才让我们每日迷失在键盘和屏幕之间，成为数字和程序代码的奴仆呢？

我有一位朋友最近喜欢上了一款掌上游戏。他每天都要在上面浪费掉两到三个小时。在这段时间内，他不会对其他任何事情进行深度的思考。有时我给他打电话，他会用一种急迫的声音让我等一会再打过去：

“啊……不好意思，你先挂掉吧，等我5分钟。”

然后，我就会默契地等待一个小时。因为这是他的“舒适区”。

奇怪的是，他之前是一个极为憎恶电子设备的人，最痛恨的便是下属在上班期间玩电脑游戏或者摆弄自己的手机。现在，他告诉我：

“我不知道自己是怎么想的，反正我可能爱上这种生活。我认为它还不错。是从什么时候起，我不再讨厌手机和平板电脑了呢？这些电子产品是何时征服了我？如果是大脑选择了一种新的工具来让我喜欢它，是不是可以这样说，我们凡人不过是一个虚拟的没有自主能力的东西。不管你喜不喜欢，有些事情你都会去做，还会集体去做出一项特别无聊的行为？这就是我们与天才的差距吗？”

我们可能已经深处于一个很少能够自己“说了算”的时代——这种情况比30年前更为严重了。至少在自己的意识上，我们是无比习惯于躺在一个舒适的角落，和电子产品、美食或电视剧互相缠绵，开始距离现实世界越来越远。

有一首著名的诗歌写道：“思绪在不眠之夜涌入我的脑际。我不知道它们从何方而来，到何方而去。我不知道，也与此无关。”这段诗歌本身就和这个时代一样，它创造了一种大众化的生活观和人生观。

人们对“手机或者互联网购物”这些前所未见的传染病并非没有抵抗，它至少让我们觉得不舒服，就像在影院看到有人发短信时就会心烦意乱。有谁愿意把自己每天三分之一的时间和大半的精力都放到这些没有“意义”的事情上呢？

然而，抵抗的结果也许是——我们在警惕电子设备侵吞自己生活的同时，所采取的对策是：“继续做这些没有意义的事。”并让自己变得越来越懒。

丽莎是在洛杉矶一家广告公司上班的女孩。她在学校时被称为“最有潜

质的天才策划师”。人们觉得她在广告策划方面太有天赋了，未来一定前程似锦。但是 4 年后，手机和电视剧成为她的生活全部。工作再忙，它们也至少占到了 60% 的份额。她不会因为一个重要工作没做好而心情失落太久，却一定会因为没及时看到剧集的更新而数日闷闷不乐。

因为这个习惯，丽莎从几年前公认的广告天才，沦落到了今天一个普通的广告设计师。她感到后悔，但对于舒适区的留恋又令她不想做出实质的改变。尽管她现在可能不觉得，但让自己脱离舒适区对于一个人的成长是大有帮助的。当然，这会是一个非常痛苦的过程。

所有人都喜欢舒适的感觉。可长远看来，不适感才是提升个人表现力、激发创造力和增强学习能力的重要组成部分。天才能够战胜不适，积极地挑战问题，让自己变得越来越强；普通人则把自己关在舒适的房间，从来都不想主动地走出去。

程式化的生活可能让你感到稳定和安心，并且能够掌控。但实际上，长期按既定程式的生活和工作会使你变得迟钝。你的思维就此钝化了，天赋被封冻，直到生命的结束。你可以想一想，然后回头看一看。在你的生活中一次又一次的按相同路线行驶的时候，经历过无数次的重复以后，在你身上发生了什么呢?

就像丽莎说的：我开始虚度大部分的时间，比如我进了办公室，就忘了昨晚的计划，出了办公室，就忘了上司刚在会议中的叮嘱。我对自己还能做些什么也保持着怀疑，有时认为自己可能再也无法找回当年激情四射的状态。至于工作中的天赋，我许久没有关心这个话题了。

（如果不走出舒适区，你会发现自己每天都在浪费天赋）

但是一旦你开始努力去尝试新的事物，打破旧的思维和行为模式，或者让新鲜的事情发生在自己身上，我们的身体就会形成全新的神经通路来点燃你创意的火花，提高你的记忆力，并重新激活你的天赋，为潜能打开宽敞的通道。这时你会发现，如果自己不及时走出舒适区，每分每秒都在浪费宝贵的天赋。

在一项由志愿者参加的科学研究中，研究人员通过向参与者展示图片来测试他们的记忆力。这些图片被分为陌生、熟悉、非常熟悉三个等级。当向参与者展示陌生图片时，得出的结果最好；其次是熟悉的图片。

这个实验说明，尽管不断地重复有助于记忆的形成和储存，新鲜信息的参与也很重要。在本书提倡的重复练习中，我们建议在专项训练中定期或不定期地更新信息，让自己成为一个能在对抗舒适的过程中保持足够定力、循序渐进地提升自己能力的人——你可以借此释放自身的潜能——这是普通人转化为天才的重要一步。

现实中，很少有人能够真正享受“不舒服”的感觉，你要承受的挑战就在于必须熬过最初那段想要回到过去舒适生活的时间，这是必然的经历。然后你就能迅速地成长起来，从艰难的练习和改变中获利。

（四个必要的步骤）

第一步，保持清晰的头脑。

美国的一位神经科学家在2015年的研究中证实，消除不适感的最佳方法是“转移注意力”，通过分散注意力，使其他事物占据我们的大脑和思维空间。这一过程中，要将注意力从不适的体验中抽离出来，进而抵制想要沉溺于舒适中的想法。想要彻底清除头脑中的杂念是不可能的。为了保持清晰的头脑，就需要对于最重要的事项集中注意力。一旦可以做到这一点，大脑就可以有意识地忽略其他事情。比如玩手机、无目的地浏览互联网等。

就是说，首先需要清空大脑——把想做、适合我们做的事情写在纸上，使其视觉化，增强对大脑的刺激。这样有助于减轻大脑的负担，理清思维，提高练习的效率。

第二步，明确不适的原因。

是什么让我们感觉不适，从而不想对抗那些积极和有建设性的事项呢？《富爸爸，穷爸爸》系列书籍的作者 RobertKiyosaki 说："因为你成功创立了一家小公司，却并不意味着你就能成功地创立了一家大企业。"他告诉我们，许多人的不适感是来源于突如其来的改变，关键是要意识到这些改变来源于何处，要正确地认识然后适当地应对。

例如：

因为发出推广邮件时遭到了不友好的拒绝？

数次拨打一个电话都没有接通，感受到了对方的冷漠和敌意？

在众人面前发言时觉得尴尬？

技能的考验很难过关，产生抵触心理？

我能保证的是，对于多数人来说，工作的拓展不利会成为他们不适的原因之一。遇到这些挫折，改变对于任何人来说都是一件困难的事，最容易选择的是退回到一个安全的房间。没错，玩手机、发呆和固守现状都是安全的，也是暂时舒适的。因为它完全取决于你，你拥有绝对的自由。

所有不适的背后，都意味着承诺和责任。说明你在做其他人不会去做的事，因为他们都躲在一片舒适区中。但当你能解决这种困难时，获得的收获也是巨大的。

第三步，总结和反省。

积极心理学（PositivePsychology）的创始人 MartinSeligman 说："决定我们未来是否成功的，不是现在的失败，而是我们怎样向自己解释这些失败。"《富人是怎样思考的》一书的作者 SteveSiebold 说："我从未听过哪位百万富翁是一次就成功的。他们越是成功，失败的次数就越多。"

这意味着什么呢？想想自己的经历，你所做的事情带来的与曾经相似的不适感。但是不要把它看成失败，要当作一次机会。我建议，你在总结教训之后，可以庆祝一下曾经取得的小小的胜利，并且提醒自己在痛苦经历中得到了成长。这是我们在提升自己的过程中为了完成达标的专项练习而必须经历的痛苦。

与此同时，想一想那些相似的感觉与行动导致你可能认为是失败的情形。从中找出原因是我们的目的。因为失败是一种财富，你应该坚持这个态度：失败是在启示我们如何更持久地坚持正确的方向。从错误中学习，反省那些我们没做好的地方，勇敢地前行。

第四步，采取决定性的措施。

在很多时候，我们都有许多事情想做，也有许多的想法想去尝试。人们都渴望努力奋斗去实现内心的梦想。哪个普通人不想让自己变得更优秀呢？但那些不适、恐惧或者不确定性使人麻痹。这时，你开始倾听自己与他人的质疑声——头脑中的声音成为消极思想的温床，阻止自己采取进一步的实质行动。

假如你觉得不适，那么你正在做的事情就是正确的。

不过，只是从舒适区向外迈出一小步，进行低强度的尝试——假如持续时间不长和无法深入进行的话，并不会真正推动我们事业的发展和潜能的挖掘。你需要直接投身其中，让自己全身心地投入，逐渐进入到为之激情奉献的状态。这可能会带来极大的压力，可是没有比这更好的方法了。为了突破自己的极限，你必须采取这样的措施。

需要强调的是，并不是所有的不适都为积极的目标服务，或者都能够对你的成长做出贡献。人所共知，有些特定情况的不适，比如长时间的熬夜和超出身体承受程度的练习，我们不会建议你把它们当作练习的一部分。你要知道如何、何时、为什么要面对那些正常的不适，以及怎样才能给你带来好处。最后，你还得有勇气，要明确地认识到真正的问题与障碍：摆脱懒洋洋的状态，走出舒适区。这就是我们再一次成长与学习的机会。就像马克·扎克伯格曾经说过的：**“最大的风险是不承担任何风险。在变化如此迅速的社会里，不承担风险是注定失败的。”**

三、不要怕见效慢，没有任何人的成功是短时间内发生的

（每一个天才都经历了漫长艰苦的奋斗，为什么你不可以？）

在 20 世纪初的数学界有一道难题：2 的 76 次方减去 1 的结果，是不是人们所猜想的质数？很多科学家都参与其中，努力地想攻克这一数学难关，但结果并不尽如人意。时间来到 1903 年，在一次数学学会上，一位叫作科尔的科学家宣布，他通过令人信服的运算论证，成功地证明了这道难题。

这个消息引起了轰动，惊诧和赞叹之声不绝于耳。人们问他："您论证这个课题一共花了多少时间？"科尔的回答是：**"3 年之内的全部星期天。"**

这个故事再次表明，成功与安逸是不可兼得的，选择了其一，就必定放弃了另一种状态。天才是怎么成功的？数学家科尔也给出了自己的回答，当你能够把 3 年之内的全部休息时间拿来做同一件事，你就能成为天才了。正像哈佛大学的一则校训说的那样：**现在流的口水，将成为明天的眼泪。今天不努力，明天你必定遭罪。**

央视《世界著名大学》制片人曾经带着摄制组到哈佛大学采访。抵达目的地时，是半夜两点钟。可她惊讶地发现，此时整个校园都是灯火通明，这里是一座不夜城。她说：

"这时，在餐厅、图书馆、教室里还有很多学生在看书。那种强烈的学习气氛一下子就感染了我们。在哈佛，学生的学习是不分白天和黑夜的。那时，我才知道，在美国，在哈佛这样的名校，学生的压力是很大的。在哈佛，到处可以看到睡觉的人，甚至在食堂的长椅上也有人在呼呼大睡。而旁边来来往往就餐的人并不觉得稀奇。因为他们知道这些倒头就睡的人实在是太累了。在哈佛，我们见到最多的就是学生一边啃着面包一边忘我地看书。在哈佛采访，感受最深的是，哈佛学生学得太苦了，但是他们明显也是乐在其中。”

历史上，哈佛大学产生了33位诺贝尔奖得主、7位美国总统。这里是盛产精英的地方。但是只有真正在哈佛待过一段时间的人才知道，真正的精英并不是天才，也不仅是天才，而是付出更多努力的人。在哈佛，没有晒太阳的时间，除非你只是来混日子的。这是哈佛大学的老师给予学生的告诫。

（没有任何人的成功是短时间内发生的）

在人生的道路上，当你停步不前时，有人却在拼命赶路；当你原地观望时，有人在飞速超越。看起来成功是一件容易的事，好像突然就有人发明了什么东西，创立了什么商业模式。你和坐在身边的朋友浏览到这条新闻，然后啧啧称赞：“他真厉害，为什么我们做不到呢？”你没想到的是，他当初也许如同你今天的状态一样，也曾经发出过类似的感慨。但他后来意识到了——成功不是一朝一夕之功，不能因为惧怕见效慢，而不去尝试，不去提升自己的能力。

没有任何人的成功是短时间内发生的。想成为杰出人物，必须经历唐僧取经式的九九八十一难，在挫折痛苦乃至困惑中不断地磨炼自己，但要朝着一个正确的方向坚定地前进。你要对自己所学的领域有强烈的兴趣。你要擅长那些专业，有无限的潜能等待挖掘。你还要在心中燃烧起在未来承担重要责任的使命感，然后才能逐步激发自己的能量。

6年前的秋天，我在华尔街的一家证券公司遇到了一个来美国学习的上海复旦大学的年轻人。他的发展方向是金融领域。他一边在普林斯顿读书，一边抽出业余时间到华尔街打工。他认为这将是自己一生的职业。

我没有问他成绩怎么样，而是问他平时都是怎么做的。他介绍说，自己每学期至少要选修4门课，一年是8门课，4年之内修满32门课然后还要通过考试。在大学中，他要在两年内完成核心课程的学习，第三年就开始对主修专业强化学习。这是一个漫长而煎熬的过程。只有“最聪明的天才”可以在两三年内读完这些课，并集中精力学完自己的主业。但是，真正能从繁重的课程中杀出来的并不是最聪明的人，而是最勤奋和目标坚定的人。他每个月至少有 9 天来华尔街的公司实习，学习金融实战经验，了解操作流程，为未来打基础。他做得很好，经验就是：你必须接受时间的考验！

爱因斯坦说：“人的差异在于业余时间。”一个人成长的关键部分，其实就是在人们公认的“业余时间”完成的。这些时间是绝大多数人没有关注到的，或者不以为意的。正是充分开发利用了这些时间，天才在勤奋和耐心的层面战胜了普通人。

1. 人的时间和精力都是有限的，因此更要抓紧时间。

牛顿有一次请司徒克博士来家吃饭。牛顿正好在解数学题，因此忘了吃饭。博士饿得不行了，毕竟是老朋友嘛，便不顾那么多，把饭菜吃了个精光，还靠在沙发上打起盹儿来。牛顿解完题后，从实验室中走出来一看，连忙叫醒了朋友，一面道歉，一面准备吃饭。当他看到只剩下的鸡骨头时，边笑边拍着自己的脑门说：“哦，原来已经吃过了。我还以为我们没有吃饭呢！”

正因为生命苦短，时间有限，所以更要利用时间抓紧学习和提升自己，而不是将大部分的业余时间都用来做“打瞌睡”“玩游戏”这种令自己感到舒适的事情。一个人怎样度过他的业余时间，决定了这个人的前程。

2. 对水平的提高要有耐心，罗马不是一天建成的。

美国心理学家霍特举过一个例子：

有一天，友人弗雷德感到意气消沉。他通常应付情绪低落的办法是避不见人，直到这种心情消散为止。但这天他要和上司举行重要会议，所以决定装出一副快乐的表情。他在会议上笑容可掬，谈笑风生，装成心情愉快而又和蔼可亲的样子。令他惊奇的是，不久他发现自己果真不再抑郁不振了。弗雷德并不知道，他无意中采用了心理学研究方面的一项重要新原理：装着有某种心情，往往能帮助人们真的获得这种感受——在困境中有自信心，在不如意时较为快乐。

这个故事充分说明了耐心有多么重要。不管干什么，这都是决定一个人能否成功的关键素养。有的人会这样说：“我投入了不少精力和时间，可就是见不到收效，怎么办？”当你充满敬意地查看他的计划表或日程记录时，看到的可能仅仅是几个月甚至几周的努力。遗憾的是，这些时间远远不够。一个足球明星从开始基本功的训练到成为一支成年球队当仁不让的主力，至少需要 12 年的时间（假设他 5 岁开始踢球）。虽然其他领域成长的时间未必需要这么长，但也要保持充足的耐心。

四、运用技能训练的成果，哪怕是孤独地攀登

（抓住一切机会，在实战中提升你的技能）

所有的技能训练都与实战有关。如果我们读了一本书，顺手扔到书架的某个角落，3 个小时后就忘记了它说的是什么，也不清楚它对生活有什么帮助，并且无意运用那些很有道理的知识。我们用来读书和训练的时间就是没有正面意义的。

荷兰传奇球星克鲁伊夫说：“当你回顾往昔的时候，你感觉你放过了一些本应该到手的东西。这种遗憾的心情会一直停留在你的内心。”学到了一些东西却没有在实战中应用，没有通过实战巩固成果，继续提升进而转化为经验，这将是我们人生的遗憾。

威廉姆斯曾经在伯克利度过了 4 年的大学时光。他现在就职于洛杉矶的一家计算机公司，做他最擅长的人力资源工作。不久前，他的公司被一家德

国财团收购了。在收购合同签订的当天，公司的新总裁宣布：

“我们不会随意裁员，但如果你的德语太差，导致无法和其他员工以及客户交流，那么不管是多高职位的人，我们都不得不请你离开。这个周末我们将进行一次德语考试，只有考试及格的人才能继续在这里工作。”

这个规定是一枚巨型炸弹，把公司老员工的心都炸碎了。从第二天起，几乎所有的人都跑向了图书馆或者重新拿起大学时的德语教材。他们这时才意识到要赶快补习或者重温德语了，因为大学时根本没想到这门语言对自己今天的工作会产生如此重要的影响。只有威廉姆斯像平常一样直接回家了。同事们都认为他已经准备放弃这份工作，另攀高枝。毕竟，威廉姆斯是一个优秀的人才，他早就表现出了出色的工作能力，而且已经被猎头盯上了。离开这家公司，他也能轻而易举地找到另一份很不错的工作。另外人们都觉得，这位人力资源的优异人才平时没怎么对同事说过德语，应该过不了这关。

让所有人都想不到的是，威廉姆斯参加了公司组织的德语考试。考试结果出来后，这个在大家眼中没有什么希望的人却考了最高的分数。原来威廉姆斯在毕业以后来到了这家公司，很快在工作中发现了一个现象——公司与德国人打交道的机会非常多。如果不懂德语，工作就将受到极大的限制。于是，他从入职的第一个月起，就开始自学德语，并制定了严酷的德语练习课程——利用可利用的一切时间，每天坚持学习，最终学有所获。在实战中练习和成长，而不是仅依靠学校的教材，是威廉姆斯借自己的经历告诉人们的经验。

（相信自己，运用训练成果，将天赋变现）

史蒂芬·乔布斯 2005 年在斯坦福大学进行了一次演讲，对自己的精神面貌做了一次最强烈的表达：

“你在向前展望的时候，不可能将这些片断串连起来；你只能在回顾的时候，将点点滴滴串连起来。所以你必须相信，这些片断会在你未来的某一天串连起来。你必须要相信某些东西：你的勇气、目的、生命、因缘。这个过程从来没有令我失望，只是让我的生命更加地与众不同而已。”

乔布斯用诗意的表述告诉我们，对未来要永远抱有热情，享受今天高强度的投入和磨炼的过程，以激昂的勇气迎接现实的战斗，在不断的跌倒和爬起中让自己越来越强大，用自己的天赋和才能在人们的心中刻下自己的名字。

在本书结束时，你将触碰到一个核心的议题：从不同的领域实际地运用我们的训练成果，在实践中验证我们的技能——将天赋变现，才是提升自己的目的。没有实际的运用，一切天赋都将是空中楼阁，华而不实。

1. 当你选择了自己热爱的工作，就要把针对性的训练和工作密切结合。

“天才”需要的是针对性的刻意练习，而非漫无目的、低效的重复劳动。例如，1 万小时理论提出人应该尽最大的努力与付出，用高强度和持久的训练逐步提高自己的基石。这并没有问题。但你需要注意的是，并不是所有的训练都会有结果，因为许多人花费大量时间做的事情和他热爱的工作没有什么必然的联系。

一旦选择了一份能够终生热爱的工作，你面临的主要问题不再是“我应该干什么”，是“我应该怎么干”。针对性的专项训练应该和这份工作充分、密切地结合起来，程序员应该练习写代码，作家应该练习写作，音乐家应该练习谱曲和唱歌等。如果你喜欢并从事的职业是会计，而将 90% 的业余时间都用来提高写作能力，你的天赋就很难被开发出来。也许你会有一个超出常人很高的业余爱好，但你在会计领域的才能难以得到较大的提升。

2. 重复练习没有止境，天才也需要“活到老学到老”。

在离德国科隆不远的西比希城，约翰娜·玛克司夫人是一位响当当的人物。早在 1994 年，当时已经 70 高龄的她，经过长达 6 年的刻苦攻读完成了学业，就以优异的成绩获得了科隆大学的教育学硕士文凭。9 年之后，玛克司夫人又在 79 岁时，完成了长达 200 页的博士论文，论文的题目是《如何度过晚年——学习使老人永远充满活力》，最后被科隆大学授予教育学博士学位。当时，小城的市民们无不对这位孜孜不倦地学习的老人赞叹不已。由此她还当选为该城“最伟大女性”。

玛克司夫人退休之前长期在一家公司任职，是一位活跃、开朗的女士。退休之后，不甘寂寞的她先是上了一个法语班。后来她在报上看到科隆大学招收老年大学生的广告，便勇敢地报名成为正式大学生。那时她已满 65 岁。她披露，第一学期的学习让她最难以适应。因为小时候上中学时，课程和课表都是由学校或教师制定的，而这回，一切都得自己安排。

在度过了最初的难关之后，她越学干劲越大，而且凭借着年轻时积累的丰富知识和打下的良好的学习基础，成绩居然在班上经常遥遥领先。平时她和年轻人一样身穿运动装或牛仔服，还常常和同学们一起参加游戏或体育运动。她坚持每周参加一次。她在入学的第三年就学会了电脑操作，还积满了所需要的足够学分。不过她并不忘记时不时忙里偷闲回家操持家务，并尽量抽空陪伴夫君进餐。人们惊奇地发现，在她念书期间，竟然做到了学习、家庭两不耽误。

量变没有产生质变的一个主要原因是“韧性不足”，许多人自认为已经努力和练习了很长时间，专业技能的积累已经足够了，实际上却远远不够。德国哲学家狄慈根（Dietzgen，Joseph，1828-1888）说：“重复是学习之母。”重复练习没有止境，要把它作为一个持续终生的习惯固定下来，成为本能。即便你是人人称道的天才，也要有“活到老学到老”的精神和意志力。只有这样，所有孤独的付出才是有意义的。

如何提高你的“热爱指数”

【8 个问题】

1. 人们在生活中总有很多的抱怨，产生麻木或愤怒的负面情绪。这个时候我们就会想要向朋友诉说，只是有的人次数相对比较多，有的人相对比较少，你呢？

A. 自己化解；　　B. 偶尔诉说；　　C. 经常跟人唠叨。

2. 当初次看到一个自己喜欢的人或事物时，你会有什么“后遗症”？

A. 长时间激动不已，并要做点什么；

B. 动心一段时间，恢复平静；

C. 当时很动心，过后就忘。

3. 当有人介绍一位新朋友给你认识的时候，通常你会怎样应付？

A. 立刻和他（她）握手，并热情地自我介绍；

B. 只是点头打一声招呼；

C. 找一些无关紧要的话来搪塞和应付，对结识新朋友毫无兴趣。

4. 早上起床时，你很乐意去上班？

A. 没错；　　B. 看心情；　　C. 觉得痛苦极了。

5. 工作时，你觉得自己干劲十足吗？

A. 是的，总是这样；　B. 状态起伏；　C. 大部分时间提不起精神。

6. 对于喜爱的职业，你能持续工作很长时间，期间也不需要假期和休息？

A. 毫无疑问；　　B. 不确定；　　C. 完全做不到。

7. 在工作时，你的心情非常开朗、精神愉悦？

A. 是的，我热爱工作，总是充满愉悦；　B. 视情况而定；

C. 很不开心。

8. 当工作没有完成的时候，即使是在休假，也会一直思考解决方法？

A. 是的；

B. 休完假再说；

C. 不管是工作还是休假，我都很懒。

◆通过测试你可以看到自己对于生活和工作的热爱程度。你在当下的工作中展示了多大的专注度，奉献精神有多少？你是为了赚钱而不得不工作，还是以无比的热情投入到工作之中？这是每一个普通人都必须要面对的现实。一个凡人想成为一名天才，首先就得热爱自己的工作。每天被动的工作，注定你不会把太多的热情投入其中，自然就无法提升自己的技能，开发自己的天赋。所以要始终保持自己的上进心和攀升欲望，以达到成为常人眼中的“天才”的目的。

章总结：建立 12 种新习惯

1. 从热爱身边的小事物开始；
2. 每个早晨都能兴奋地跳下床来；
3. 对一丁点安逸的状态都会感到可耻；
4. 每天玩手机的时间不超过 30 分钟；
5. 专注、简单和重复；
6. 对见效慢的工作保持足够的耐心；
7. 享受孤独，爱上孤独；
8. 当事情进展不利时，能承受挫败带来的痛苦；
9. 为长期的目标牺牲当前的舒适；
10. 跳出心理避风港；
11. 完成当天应该完成的工作；
12. 在高强度的练习中培养意志力。

后记

我们这本书没有谈到股票的天赋，也没有讲到发明创造的奇思妙想。事实上，对于任何一个普通人而言，体内都有潜在的独特的基因——你总是比别人更擅长一些事情，拥有某种优势。问题是，你有没有比别人更努力，忍耐更多的孤独和付出更多的代价来使这些优势成长和成熟起来呢？

在开始撰写本书前，我读过特斯拉创始人埃隆·马斯克（Elon Musk）的故事。这是一个古怪又拼命的家伙。马斯克说过一句很著名的话：“**最可怕的事情不是你遇到了天才，而是天才比你还努力。**”这句话也成为他始终坚持的管理之道，并影响了全世界的年轻人。

在苹果创始人乔布斯去世以后，美国人认为马斯克是全世界创新领域的新领袖，十分看好他的成就和影响力能够超过乔布斯。他是全球青年的新一代偶像。不是因为他在几个重要领域都取得了巨大的成功，比如互联网、电动汽车、可持续能源和可回收火箭等，而是因为他勤奋的工作精神，通过超越常人的勤奋将自身的才华开发到了极限。

在马斯克的一个礼拜中，他工作的时间长达 100 个小时，这是两倍于常人的工作量。有一段时间，特斯拉公司的生产任务非常繁重，马斯克甚至在生产线的旁边睡了几天。他很晚才和衣而睡，很早就匆匆起床，又开始忙碌。你想，连老板都睡在了工厂里，员工会怎么想呢？人们自然拼命地工作，贡献全部的能力。这是特斯拉精神，也是马斯克展现出来的无尽投入的优异品质。

2014 年的 12 月份，马斯克给全体员工发了一封邮件：“今年就剩最后几天了，大家一定要努力，我会在最后一天在体验店里去卖车。”12 月 31 日是美国人庆祝新年的假期，是一个开 party 和去时代广场狂欢的日子，但马斯克这样一个亿万富豪却跑到店里卖车。他此时已经很成功了，被称为罕见的天才，却仍然对员工和团队起着表率作用，把自己的时间压榨到了极致。

马斯克在工作中无比的勤奋。比如他中午基本不吃午饭，去餐厅随便拿一些麦片将就着吃一点，然后就回去办公。他在公司没有独立的办公室，而是跟大家坐在一个开阔的办公区域共同工作。他不像有些中小企业老板一样每天把自己关在豪华的办公室，以显示尊贵的身份。特斯拉的一位员工这么评价他：“马斯克如同一只饿极的狼，他永远不会停下觅食的脚步。”

比普通人更拼命，这就是天才的成功之道！

在本书写作的过程中，我也收到了许多国内公司 CEO 和创业者写来的邮件，听到了他们的故事。一个优秀的人和优秀的公司一样都有自己独特的使命。这个使命也体现了我们人生的长期战略——如何开发和使用自己的天赋。

你是要创造一家伟大的企业，就像乔布斯和扎克伯格？

你是要发明一种全新的产品改变世界，就像爱迪生？

你是要推动人类文明的进步，让世界变得更开放和宽容，就像曼德拉？

我们在研究和分析自己的天赋和制定怎样的人生目标时，一定要关注自己的人生使命。因为两者紧密相连。

为了更好地应用本书，我建议大家总结和反思过去时，可以运用一种叫作“第一性原理”的物理学思维。意思就是“从头算起”，从事情的本质出发，独立思考自己过去的计划和行动，从头审视自己在哪些方面做错了，哪些方面做对了。不要依靠过去的经验，也不要参考任何人的路径。你必须承受一种只有自己才能理解的孤独，并且拒绝回望和哀伤自己的背影。当你翻过前面的山岭时，才能体会到真正的自由和轻松。对凡人而言尤需如此。

现实中，许多自诩为天才的人目标都定得很高。比如“先挣一个亿”。但我们要知道，即使挣到 100 万也并不比挣到 1 个亿要容易。问题不在于你拥有多么宏大的梦想，而是你为此迈出的每一步。对于一个拼命的天才来说，他会重视每一块钱，而不是只盯着目标之塔的顶端。

这几年，我在硅谷和国内的北上广深等城市见过很多优秀的人才，他们都在自己各自的领域有一定的积累和天赋，我也见过很多年轻的创业者。然后我发现一个问题，他们中的成功者的共同点并非是出众的天赋，而是非常的勤奋——他们懂得刻意的高强度专项训练的重要性，不会放过任何机会提升自己，也不会随意地浪费哪怕一分钟的时间。

我们凡人应该从中学到什么呢？如果现在你仍然重复着过去所遵循的错误的步骤——比如循规蹈矩、浑浑噩噩、沉迷于社交、自信于天分而不去孤独地加倍努力，未来就不可能突破今天的成就。孤独可以逼着你去创新，给你充足的时间思考新的方法，挖掘更深的潜能。孤独可以让你重新审视不适，勇敢自如地挑战那些看似不可能的目标。

你要知道，**真正的精英并不是纯粹的天才。他们属于付出更多努力的人。**我相信，在孤独努力的道路上，即使最后不幸失败，你也会置身于群星之中，创造出在过去不敢想象的奇迹。

附录

从平庸到卓越的天才训练手册

1．每个天才都会设立可实现的、正确的目标。天才不是什么都能干，天才也不是对任何领域均无师自通。你需要理性和设身处地来制定目标，这样未来将变得可见，且可以量化，每迈出的一步都代表着成就感。通过可实现的、正确的目标，我们能以最快的速度和最小的成本进化为一个杰出人物。

2．塑造持之以恒的精神。摆脱平庸，你需要持之以恒，而非优柔寡断和半途而废。所有的耐心、毅力、重复都有价值。当你熬过机械的与基础性的环节，沉淀出的将是跃升阶段必备的素质。

3．人人都能掌握的成功技巧是什么？是行动，立刻行动。在行动中重复训练技巧，你会发现自己潜在的天赋，在一次次的行动中改变对自己的认知。有些看起来很难，曾以为无法完成的事情，其实并没有想象中的不可触及。无论你想完成什么任务，实现什么样的目标，只有行动才会获得你想要的结果。

4．重复训练的本质。不是机械性的做同一件事情，而是通过一次次的重复发现其中的技巧，从而找到与其他事物的共通性，从一种现象推出另一种适用的结论，这便是重复的类比技巧。使用类比法可以锻炼思维归纳总结的能力，看穿那些看似孤立且解释不通的事情。

当通过一个阶段的重复训练，基础技能得以巩固，我们就将迈进提升内在自我的大门，走上开发天赋的正轨。那些碎片化的知识被重新分门别类，归纳总结，在大脑中诞生新的知识种类。

5. 知识不是割裂的，而是具有相通的特性。任何看上去八竿子打不着的知识经过聪慧大脑的解读，都能贯通融会。我有个艺术家朋友，一直觉得科学家无法欣赏花的美，只会职业地解剖一朵花，非常无趣。但一个科学家朋友说："我也许没有艺术家那样精妙的艺术感受，但我绝对能欣赏花的美，而且我还能通过花的表面看到更多的东西。我会想象花朵的细胞，复杂的内部结构，它是如何吸引昆虫的……事实上我能感受到更多的兴趣盎然。"

6. 内聚力，是一个人内心强大的力量，也是人意志力的源泉。一个充满内聚能量的人，他能克服内心的焦虑，净化与驱除那些内心的不良渴望，将外部压力层层地抵住，从自己的心灵深处获得沉静的力量。

7. 内心必须是丰盛的。重复的训练除了磨炼我们的意志力，还能借由创造我们内心的丰盛。这种充实和富有不是外在的金钱和附加物能够做到的。一个人拥有再多的财富，也可能无法获得幸福。更多的重复是为了打好基础，从而具备挑战他人的力量，有权利去竞争和超越。

8. 天才如何成功? 人们都关心如何成为天才，却不关心天才是如何成功的。事实上，正确的方法 + 明确的定位 + 持续的行动 = 天才的成功。在这个公式中，天赋只占到了极小的部分。

9. 有天赋只是基础，做出来才是关键。天才的秘密不在于你聪明的大脑擅长些什么，而在于你利用自己的大脑做了些什么。也就是说，你所独具的优势可能仅是一张入场券，能不能真成为天才，还要看如何发挥这些优势，将自己的天赋变现。

10. 任何时候都别忘了提高效率。正在读一本书，限定时间内读完；打一个电话，长话短说；提出一个方案，概括总结，用最精练的语言宣讲。别人的时间与你的一样宝贵，不要成为那个毫不自知的人。

11．不间断训练。人的时间有限，经常的间断只能让训练失去价值，或大打折扣。不间断的训练，这是一个能改变生活也改变未来的计划。就像你想拥有苗条的身材一样，想要拥有天才的大脑，就要持续不间断地坚持训练。别怀疑，这一切都是值得的。

12．定期给自己的努力打分。通过不同项目的分值相加，你会看到自己的不足，也能看见自己的进步。就算进步很微弱，只要坚持正确的方式，你的前进方向就是正确的，最后也必然有好的结果。

13．想要完成你“天才的轮盘”？务必要对自己诚实。你越诚实，就能越多的认识自己的短板。通过踏实而努力的改变，逐渐获得自己满意的结果。

14．激情过后还要努力。大多数人在听到别人的成功故事时备受鼓舞，兴奋不已，感觉自己的内心也充满了激情。那激情过后呢？你会像成功故事里的那个人那样努力去做吗？你和天才的差别，就蕴含在那些没有人鼓励、灰心丧气的日子里。

15．不要去模仿任何人。每个杰出人物都有自己特殊的情况，所以不是别人能够轻易模仿的。你要科学、合理规划适合于自己的人生方向，未来的路才会变得更加顺心通畅。

16．你的问题就是“想得太多，做得太少”。光思考是没用的，最重要的是付出行动。你想清洁一下厨房，你幻想着自己穿上围裙，戴上手套，拿着拖把挥汗如雨的场面，真感人啊……但是，已经晚上12点了，你依旧躺在沙发上不停地换着毫无营养的电视节目。其实，你完全可以直接冲进厨房，先把碗筷洗了呀！

17．乐观微笑地面对孤独努力的自己。如果你用一种新鲜的语言和方式来回应自己的努力，大脑里会形成一种“我真棒”的神经反馈。越是频繁地使用这种方法，你的大脑就越容易接纳那个积极乐观的自己。在阴云密布的日子里，生活一片苦熬，微笑着面对那个孤独的自己，给自己一个“我真棒”的鼓励。

18．学会经常的使用一些正面词汇或句子。多使用，大脑会加深对它们

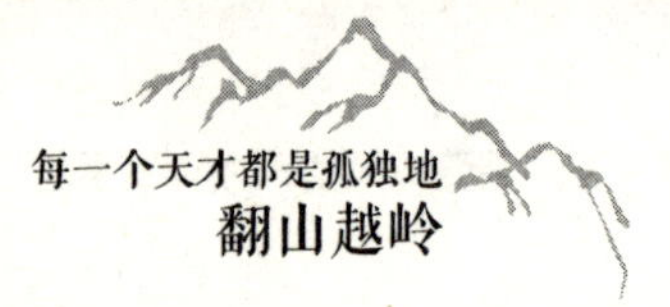

的印象。强化使用频率，这会对我们的生活产生重大的影响。当你说“我可以坚持更久一点”时，你的大脑会立刻想到：“我知道坚持更久的方法。”这时大脑就会释放出一些物质，使你处于一种积极的状态中。

19. 提问是一种强有力的发掘潜能的方法。如果你不知道自己会做什么，那就提问吧！只要你提问了，大脑就会思考，尽管它可能并不回答你的问题，但经过了搜索的过程，你就向答案更靠近了一步。

20. 用自己 100% 的意愿去做一件事。有人邀请你去参加一个烧烤派对，你会说：“好的，我会尽量去参加的。”其实你内心的真正意思是：“我不想参加这个派对，我感到很勉强。”当我们说出“尽量”时，只是委婉地表达我们并没有 100% 的意愿去做那件事。

21. 天才的首要品质就是积极的行动。包括使用积极的语言鼓励自己，提出积极有建设性的方法，进行积极的行动等。

22. 尝试和坚持。我敢保证，你投入大量的时间所认真分析讨论的那些令你退缩的原因，90% 以上都是自己编造出来的。你像编织谎言一样虚构了那些恐惧，还说服自己信以为真。要突破这些心理障碍，该如何做呢？做到两个原则：尝试和坚持。

23. 不要做一个无趣的凡人。不要做平凡的大多数，无趣的人已经够多了，为什么不让自己的人生精彩一点？

24. 让左脑和右脑同时处于工作状态。当我们的左右脑同时处于工作状态，创造力的机器就会被启动。天才的大脑机器从来都是一起运转的。

25. 学会和自己独处，心灵才能得以呼吸。独处是一个人精神上的私密空间，唯有静下心来独立思考，才能和自我达成和解，完成苦行僧般的孤独修炼。

26. 重复练习直到形成本能。附近的体育馆里有一支足球队。他们每天都在训练。只要哨声一响：球就被传给中锋，中锋再传给后卫，后卫把球踢进球门里……有段时间我在感慨，难道他们没有其他的传球方式吗？这简直太无聊了。后来有一天我再去观看时，他们换了踢法。我听到教练在场边训导："这种踢法熟练了，你们就可以换下一种了。"我在心里"哦"了一声，原来球员们是在重复练习，直到脚下形成一种本能，心中达成一种默契。这不就是天才的成长之路吗？

27. **别成为很擅长拖延的人。**拖延让凡人没有机会成为天才。你之所以总在拖延要做的事，是因为你很擅长"拖延"这件工作。假如奥运会有拖延奖牌，相信每秒钟都会有人打破新的纪录。

28. **用大量的行动获取回报。**你唯有付出大量的行动才会有丰厚的回报。没有实际的行动，所有的计划都是虚假的，只是一种自我欺骗而已。

29. **不要过分地分散自己的精力。**请注意，每天的工作安排不要超过五件事，而且每一件都要认真地去完成。如果你每天只完成一件事并且完成得很好，你就朝着天才的目标又迈进了一大步。

30. **你过的每一个当下都是由三个月前的努力来决定的。**我将自己的人生划分为无数个"三个月"。每当回头望时，都会觉得自己有所收获。如果你有一个长期目标，不妨采用"三个月计划法"。它们将会像季度业绩一样，以一种可量化的数据写进你的目标进程里。

31. **比普通人多向前迈出一小步。**有人说，天才就是要攀登到一种超越大多数的水平。其实这并不难，你只要多向前走一步。这一小步包含了什么呢？细心、耐心、理解力、沉淀力、不竭的付出。如果你能做到这些，你就拥有了天才的素质，其次，就是比别人更努力。

32. **当你设定了一个更高的标准，就要坚定地向其迈进。**如果你能明白为什么要这样做，那就等于拥有了别人没有的优势。这是你能够坚持做一件事情的乐趣所在，也是你能长久的保持热情的原因。

33. **不要"做得好"，要"做到最好"。**只要"做得好"就够了吗？天才的标准从来不是做好，而是做到最好！这不是偶然的结果，你必须强迫自己不间断地练习，掌握足够的知识储备进入到下一个阶段，并且从现在起就关注能让你变成最好的领域。

34. **成为天才需要可操作的科学工具。**你要知道，天才并非都是天生

的，能够成为天才的人大都拥有一套可操作的科学工具，可以更便捷、正确地帮助他们走向与众不同的人生。这里的“科学工具”，就是本书中的一系列原则。

35. 用想象力开发天才的直觉。想象力是开发天才直觉的一种很好的方法，而直觉是一种更优于经验的思维体验。打开想象力的方法就是全身心地投入进去，让你的思维像大海中的鱼一样自由行走。

36. 如何成为“想成为”的那种人？扪心自问：“为了成为自己想成为的那种人，我应该具备哪些素质？”找一张纸，把能想象到的选项写下来，为它们排序，之后你将通过先后实现这些目标来重塑自己的人生。

37. 让标准形象化、具体化。把你对勤奋和努力的标准形象化、具体化，确保每天都能看到它，让你的大脑中充满这些标准。如果有必要，每隔一段时间进行完善和调整，前提是，你始终清楚自己要成为哪类人。

38. 勤奋是最有力量的武器。一个人的消极、涣散、低效、失败可能源于很多因素，但这些都可以通过一个途径来解决——勤奋。

39. 拒绝找借口，拒绝“但是”。除了行动，你别无选择。一个经常找借口的人，他可能深知自己最擅长的是什么，可他总是会在需要采取行动时说出“但是”两字。凡人经常讲“但是”，天才只讲“必须”。

40. 有效的措施。有了远大的目标，我们最需要学习的就是如何采取有效的措施达成，使用多种方法规划未来，并确保目标能够实现。你可以配上确定性的文字，有趣的插图，并规定好要完成的最终时间。

41. 不要试图用模糊的词汇描述自己的目标。像“一个星期之内”“一个月之内”“一年之内”等等，这充分表明你并没有真正的下定决心去完成这个目标。你每次去看这些时间时，它们所剩的完成时间依然还和原来一样，你不会有紧迫感。确定一个确切的日子，比如 12 月 1 日截止。

42. 别因为害怕失败而不敢去尝试。也许你为自己设立了很多目标，你会担忧：“如果不能完成所有的目标，怎么办？”不要吓唬自己，你不能因为害怕一件事失败而不敢去做另外一件事。假如你有 5 个目标，最终完成了 4

个，那你也是成功了 4 次！这可比制定了 5 个目标，却一个也没完成强多了。

43. **总结经验和教训。**高强度的练习需要总结，对过去的计划和成果也需要总结。因此，要为自己抽出一些时间，回想一下近几个月的状态，思考未来的发展方向，也回顾一下过去的经验教训。比这更重要的是，好好想一想接下来要怎么做。

44. **成为天才之后会发生什么？**这是一个必须思考的问题。成为天才就是终点站了吗？当然不，天才之路是一条持续的、永无止息的探索之路。

45. **战胜自我。**当你认为“我已经很棒了”的时候，并非说你已经不需要进步，可以放松自我过得舒适一些了。其实这恰恰是最难部分的开始——你的竞争对手不再是别人，而是战胜自我，与自己竞争了。

46. **如何度过瓶颈期？**如果你感觉进入了瓶颈期，就要尽快地跳出你的领域去别的地方一探究竟，切勿将思维始终停留在眼下的事物和表象中。假如你考虑换一份工作，即使只能拿出几个小时，去别人的工作场所参观一下，也许你就会有别的收获。

47. **忽略评论，关注自身的成长。**如果有人质疑并且批评你，面对那些人，最好的方法不是反击回去，而是忽略那些评论本身，却又能从中获取领悟。

48. **障碍和陷阱是成长的机会。**通往天才的道路上有很多障碍与陷阱，比如时间不足、资源匮乏、经济困难、缺乏人脉等。但只要你相信，这些都是你成长的机会，你就总能化险为夷。

49. **如果你想治疗某个方面的拖延症，就要制定可量化、可视化的策略。**比如你总是没办法按时出门，那就要在前一天将跑鞋放在门口，钥匙装进口袋，以便你随时都能跑步出门。记住，问题的关键不在于“我知道该怎么做”，而在于“我已经在那样做了”。

50. **眼睛和大脑比资源重要。**对于大多数人而言，最缺乏的不是资源，而是一双发现资源的眼睛，一颗想到资源会在哪里诞生的聪慧大脑。

51. **天才的笔记本里没有“我不想做某事”。**他们只有一条：我知道自己真正想做的事，而我正为之付出努力。

52. 在最枯燥的时候，你才能看见真实的自我。当你感觉自己的意志力备受考验时，你能辨别出“哪个你”或者“哪个部分”是最真实的你吗？是那个能够忍受枯燥和煎熬，不达目的誓不罢休的你，还是那个总想放弃，需要控制和约束力的你？对于两个对立的你，你更认同被欲望和冲动诱惑的那个，还是认同有目标、有自制力的那个？这两个你会在成长的路上此起彼伏的出现。我们要做的是，坚定不移地执行目标，即使偶尔想偷懒，也告诉自己只有一小会儿。

53. 不要信誓旦旦地告诉全世界“从明天开始”，其实明天和今天没有任何区别。如果你想改变自己的行为，将自己从舒适区拉出来，应该从减少那些“自主意志”开始。比如你发誓明天要减肥，但今天晚上你已经开始盘算明天中午去公司附近的哪家店里抢位置了。

54. 别轻易自满，你会前功尽弃。当你发现正在用昨天的成绩为今天的放纵进行辩护时，停下来，否则这将会成为习惯。想想你当初那么努力的原因，而不是自己应该得到什么样的奖励。

55. 凡人要先学会抵制诱惑。手机、游戏、社交和购物网站是如何激发奖励承诺的？当你在那些没有边际的网络世界流连忘返时，你想到了什么？看到了什么？想得到什么？这都是经过精心设计的暗示和吸引，专门诱惑意志力差的你上钩。天才和普通人一样在遭遇这个诱惑，但他们总能适可而止。

56. 找到适合自己的解压策略。当人们感受到焦虑、压力、情绪很差的时候，意志力更容易受到诱惑。你会很难集中注意力，以致拖延上身。尝试寻找到一种解压的方法，比如锻炼、参加户外活动、冥想、听音乐、做按摩等等。

57. 我们最想拖延的事情往往与恐惧脱不了干系。我们拖着不去看牙医，因为害怕经历拔牙的痛楚；我们拖延存钱养老，因为担心这种行为拉低眼前的生活档次；我们拖延写遗嘱，恐惧这会成为一种诅咒；我们舍不得扔掉不合身的衣服，害怕将来某一天突然想穿……我们推迟或故意忘记去做一些事情，其实是因为我们太脆弱，无法正视内心的恐惧。如果你能保持足够的理性，就能做出合理的选择。当你因恐惧而拖延做事时，可以这样问问自己：拖延能保证我担心的事情不会发生吗？还是会让事情变得更坏？不去看牙医，牙病会越来越严重；不存钱养老，永远入不敷出；不早点写下遗嘱，人生可能就此留下遗憾；不丢掉不合身的衣服，你的衣柜就一直被占据……如果不立刻着手解决，这些恐惧也不会消失。它们只是时不时地冒出来，提醒你有一件糟心事。

58. 可以自责，但不能自卑。每个人的意志力都有失效的时候，所以我们常常自责。但永远不要用那些绝对的字眼来概括自己的行为，“我肯定不行”“我永远不会”“我就是这么无能”……尽管短暂的挫折会暴露出你的一些弱点，但不要对自己感到绝望，更不能以自己为耻。伟人也有自我否定的时候，但这绝对不能用“绝对”。

59. 重点放到积极应对和解决不可避免的失败上，而不是迷信意志力。既然意志力无可避免的经受失败，那我们要关注的重点应该放在如何积极地应对和解决失败。自我批评和怀疑并不能将我们拉向离成功更近的地方。你想想，遭受挫折时，帮助你走出来的外力是不是那些鼓励和支持你的亲朋好友？那些负面的言论对你有帮助吗？所以，做自己的良师益友，失意沮丧时，自我鼓励。

60. 保留些许悲观的情绪。大多数研究都告诉我们：乐观的情绪会为我们带来动力。其实，保留些许的悲观能帮助我们少经历一些“突发状况”——如果你能预测未来将遭遇的挫折和诱惑，就能提前做出准备，从而拥有更坚毅的决心和信心。

61. 永远相信还有下一次成功的机会。很多时候我们失败，是因为根本不相信“不会有下一次”。

62. 放弃安逸换取长远回报。当你受到某种吸引和诱惑，要做出是否违背长远利益的选择时，记得提醒自己，做出了这样的选择，就意味着你为了眼前的安逸放弃了更美好的未来，以及更大的奖品礼包。要眼前唾手可得的廉价小物件，还是累积起来兑换超值的限量供应品？让你的大脑自己选。

63. 不要等待自制力的出现，要主动训练和拥有它。我们总在推迟重要的任务和变化，想等待一个更具有自制力的自己出现。事实上，那个你不会出现了。

64. 在练习时畅想未来。研究发现，想象未来能够让人延迟满足感。听起来不可思议？是的，就这么简单。你甚至不需要想象未来能够得到的奖励，只需要畅想一个未来就行了。一个三年坚持晚睡早起的高中生是如何做到的？父母老师都会告诉他：熬过这三年，大学里就是好日子。每当想放弃的时候，高中生就可以靠想象大学生活坚持下去。如果此刻的你正在考研，想一下找工作时比本科生的起步工资多一个档次的场景，是不是更有动力了？

65. 为了预见未来更好的自己，你需要对自己做出承诺。这不是随便说说，而是彻底做好拒绝诱惑和冲动的准备。如果你感觉外界的刺激已经不再容易改变你的偏好，那你的意志力将不再受到威胁。

66. 多结交意志力强大的人。当你看到身边有人屈服于某种诱惑而获得奖励时，你的大脑是不是也受到了同样的诱惑？而你发现一个和你同样意志力水平的人正在迎接更大的挑战，你是不是也很想加入进去，并感到自己备受鼓舞？我身边一个女性朋友说：“× × 正在考虑凭自己的力量买房子，她可是个女生。这真让我敬佩。我几天前还在考虑换份轻松的工作，现在我已经不想换了。我决定像她一样趁年轻赚更多的钱。”意志力会传染，所以多和那些意志力强悍的人交往吧！

67. 增强你的免疫系统，不要轻易被他人感染。最简单的方法是：新的一天开始时多花几分钟想想自己的目标，想想哪些事情会动摇你的“军心”，以何种方式出现。给自己打一针疫苗，避免被不良动机传染。

68. 你拥有自己意志力的榜样吗？不需要将某个伟人或者明星、运动员作为参考，就从你的身边寻找。其实你总能找到一个。比如你勤劳的母亲，一年 365 天，每日清晨 5：30 起床准备一家人的早餐。比起那些遥不可及的领袖榜样，家人和亲密的人能带给我们的动力其实更多。当你的意志力受到考验时，不妨问问自己：那个榜样遇到这种问题会怎么做？

69. 你之所以感到孤独，是因为你不是大多数，但这不是错误的。也许你会发现，尽管自己在努力地维系那条自我选择的孤独之路，尽量不遭受别人的影响，但社会上仍然有很多人正在试图加入你想改掉的行为行列。你可能会怀疑，我这么做到底有没有道理？我的选择是正确的吗？如果你产生这样的质疑，最好的方法是找到一群正在做你所渴望的事情的人，加入他们的行列。置身于这样的环境中，你会发现自己的想法并没有错。你之所以感到孤独，是因为你不是大多数。

70. 设立一个自我谴责的对象，激励自己去努力。当你减掉 30 斤体重出现在聚会上时，你的老朋友、老同学们该是有多么惊讶！当你鬼鬼祟祟地躲到阳台抽烟的时候，你的妻子恰巧遇到，她是有多么失望！实验证明，我们在做出选择时，为自己想象出一个评估和谴责的对象。这种想象会为我们的自制力提供强大的支持。

71. 如果你对自己的意志力缺乏信心，最简单的方法是将它变成集体行为。我的一个朋友要减肥，恰好同事中还有三个人也要减肥，于是他们建立了一个群。每天下班时都会称量体重，谁的体重最高，就要给另外几个人发红包，而且额度不能低于 100 块。一个月下来，他们中减重最少的那个也至少减掉了 5 斤。

72. 永远关注自己的目标。我们有时会把别人的目标、决定、信念整合到自己的目标和行为决策中，这时你可能会失去“自我”。注意，不管你受到了别人怎样的影响，永远关注自己的目标，不要被那个不真实的自我带向偏离的轨道。

73. 不要尝试马上转移注意力。有时你会发现，当你尽力地转移注意力，想摆脱一种想法时，往往会带来适得其反的效果。眼前一堆等待紧急处理的工作，你却困意来袭，哈欠连天。告诉自己坚决不能再吃甜食，但却更加渴望吃冰激凌、糖果和巧克力。你要戒烟，却更加渴望抽一支。被禁止的事情不但没有消除你的欲望，反而刺激了更大的渴望。不要尝试马上转移注意力，

而是接受这种想法，告诉自己："我有这种想法很正常。"这是反弹理论在起作用，但我知道自己并不能这么做，这与我的目标相违背。学会驾驭自己的冲动，这是天才意志力课程里必须修炼的内容。

74. **真正的挑战来自于我们的内在。**我们总以为麻烦和挑战来自于外部力量，比如罪恶的冰激凌、危险的汉堡包、搔首弄姿的手机……其实这些问题都出自我们的内在，是我们的欲望和情绪缺乏考验。当你意识到自己的内心意志正在发生冲突时，学会三思而后行，让大脑慢下来，这样就会放缓和抑制冲动。

75. **如果你正在经受高强度的锻炼，那么也要搭配低强度的方法进行心灵的散步：**

· 远离你的办公桌，到附近的绿植区呼吸一下新鲜空气。
· 播放一首你喜爱的音乐，压压腿，跑跑步。
· 带着你的宠物到户外玩耍。
· 干点不费精力的事，比如浇花、喂鱼、做饭。
· 和你的孩子做做游戏，讲讲故事。
· 慢跑。

76. **保持良好的睡眠，可以让焦虑的心放松下来。**当你感觉自己能量不足的时候，找个舒适的地方躺下来，保持深呼吸，让身体的每个细胞放松，帮你从压力中恢复过来。

77. **记录哪个时段的精力最为集中。**我们的精力从早到晚会经历一个曲线下降的过程，所以试着观察并记录。一个星期之后，你会知道自己一天当中哪个时间段的精力最集中，哪段时间最分散。合理安排自己的计划，明智地规划自己的任务行程，在意志力最弱的时候抵抗住。

78. **强制性提高意志力。**每个天才都有一套属于自己的强制性提高意志力的训练方法。你可以试试下面这种锻炼模式：

·每当想要赌咒发誓时，告诉自己不要！

·坐在椅子上后背挺直，不要跷二郎腿。

·每天都做一件事，比如每天早晨7点准时去楼下买早餐。

·记录一件你平时极少关注的事，比如你的日常开支、饭量、饮水量等。

·挑选一个对你来说意味着挑战的运动项目，每天做俯卧撑或者仰卧起坐20个。

79. 在不适中更要坚持对的计划。不要在感觉疲劳的时候放弃训练，不要在心情不好的时候对孩子恶言相向，不要在懒惰的时候点外卖。在这个世界上生存下去，的确需要我们有点克制自己的能力。只要不轻言放弃，坚持了第一次就会坚持第二次，上一次永远都是对下一次的鼓励。如果一次成功的案例都没有，会出现什么情况呢？你会感觉自己真的很无能。

80. 挑战有难度的事情。如果你现在选择挑战那些有难度的事情，一段时间后，你会发现这个挑战变容易了。

81. 取悦自己，而不是取悦别人。不要通过改变自己的行为去取悦别人，我们做出改变的真正本意是取悦自己，看看自己到底能不能成为更好的人。我非常不同意市面上那些"女人不化妆，怎么会有男人喜欢""女人不买衣服，难怪老公不愿意带出门"之类的说法，也许要表达的核心观点是正确的：告诉女人要保持美丽，但女人该意识到自己变美的真正目标。你化妆是为了让镜子中的自己看起来气色更好，让自己变得更自律，而不是为了取悦任何人。

82. 我们经常会犯一个错误：把实现目标的行为当成目标本身。我们以为只要行为是正确的，目标就没有任何偏离的危险。这样反向推理的结果是，当我们做了一件与目标不符的事情，便以为自己远离了目标。这些其实都不是起决定作用的行为。人的行为是动态的，允许在一定的范围内进行微调。就像你要过一条马路，前方在施工，则需要你偏离一下轨道，绕过这段障碍，重新回到正确的路线。

83. **不要允许自己今天犯错，赊明天的账。**这就像减肥的人告诉自己“我今天破例吃个甜甜圈，明天加大运动量”一样，极有可能是明天你又想吃顿大餐，对自己发誓“接下来一个星期都不再吃晚饭”。结果呢？你一胖再胖，直到道德底线完全消失。

84. **多少保持一点悲观。**乐观精神会让我们放纵今天的自己，尤其是你向自己打包票下次绝对不会这么做的时候。如果你以前有过对自己食言的情况，奉劝各位，不要冒这样的风险，保持一点悲观，从当下开始做好吧！

85. **了解自己的思考模式。**因为搞清楚你的大脑是如何工作的，是你拥有与众不同的思维模式的最重要的一步。

86. **提升自己的能力，让资源来找你。**要获得高质量的人脉关系，并不是四处加那些大咖的微博或微信朋友圈就可以实现的。你要把一切时间用以提升自己的能力。当你的层次能够达到优质圈子的高度，拥有别人正好需要的东西，到那时不用你自己出面去找关系，自然会有关系主动找上你。

87. **天才的任务清单。**你需要一张任务清单，以便在孤独的成长之路上看不清前路时，至少能看清自己的脚下。每当划掉一个任务，成功地实现了一个目标，都预示着你向最终的成功迈进了一步。

88. **信念系统。**如果你有这样的信念系统：“我太丑了，没有人喜欢我。”你会发现，真的没有人喜欢你。你觉得自己“不可能成为天才”，你也会一步步地证实自己确实没有那个才能。真的是我们自己不行吗？不，其实是自我预言的验证在起作用。从现在开始对自己说：“我肯定会成功的！”“我觉得自己长得还挺不错！”一段时间以后，你会意外的发现自己真的挺棒。

89. **你有没有想过做一些离经叛道的事？**或者说，假如你中了一千万的彩票，你会拿去做些什么呢？这里有一份天才的想象清单，看看能不能激发你的创意：

· 完成一次西藏骑行。

· 攀登珠穆朗玛峰。
· 坐火车时蒙住眼睛去一个车程 10 小时的地方旅行。
· 到贫困山区支教 2 年，发现自己真正的需求。
· 向隐藏在城市某个角落的老手艺人学习一门即将失传的手艺。
· 练习瑜伽，在 75 岁时仍然如此。
· 学习法语，去法国遇见自己的真爱。

90. 天才不是偶然诞生的，它需要刻苦、计划、勤奋、技巧以及运气。 你真的想成为天才吗？记得检查自己的努力清单，确保这些选项在你的目标计划里，然后坚持开展高强度的练习，等待幸运女神的降临。

91. 你不需要别人的理解。 觉得读完这本书终于理解天才的世界了？不，天才根本不需要理解，天才只需要仰视。所以，当你认为一件事情是对的时，不需要征求别人的理解，先做起来，做成功再说。

92. 开始改变自己。 如果你能将本书中学到的哪怕一点点东西运用到现实生活中，你都会体验到一个与过去完全不同的自己。读完这本书之后再去做？你知道，天才都是边读边行动的。不管你读到了哪里，从现在起尝试着改变自己，不要有丝毫犹豫。